菜根譚

禅境

［明］洪应明 著

吴言生 译注

《禅境丛书》编委会

清言·慧语·禅境

——《禅境丛书》序

一

因缘本是前生定，一笑相逢对故人。人与人的相逢，人与禅境的相遇，全都仰赖于一个缘字。正是这一个缘字，让我们穿越时空，相会在当下，相会在清言、慧语、禅境里。

我从哪里来，我来做什么，我到哪里去？这三个问题，是所有宗教都必须回答的问题。对于第一个和第三个问题，且借用一句"从来处来，到去处去"的禅语，将来与去交还给来与去，这里只谈谈第二个问题：我来干什么？

我们在这个世界上，到底是来做什么呢？对于芸芸众生而言，就是在五欲六尘中打转。所谓五欲，就是财、色、名、食、睡，使我们终其一生为之殚精竭虑，绞尽脑汁，耗神劳心；所谓六尘，就是色、声、香、味、触、法，它们像灰尘一样，污染着眼、耳、鼻、舌、身、意六种感觉器官。人被五欲六尘所转，就在苦海之中头出头没，轮回不止。"心为形役，尘世马牛；身被名牵，樊笼鸡犬。"（《小窗幽记》）纵然地位尊荣，声名显赫，家财万贯，但最终"阎王照样土里拖"！我们这一生岂不是过于悲凉，"回头试想真无趣"！

　　确实，轮回在五欲六尘中的众生，在苦海中头出头没，在欲界色界无色界苦苦煎熬。从终极意义上看，生命没有任何意义可言，四大五蕴皆是空。滚滚长江东逝水，浪花淘尽英雄，风流总被雨打风吹去。有一首禅偈说："天是棺材盖，地是棺材底。跑来与跑去，总在棺材里！"如何冲破五欲的束缚，摆脱六尘的污染；如何在红尘中修行，在俗世中成就，如何把烦恼痛苦的红尘世界，转化为快乐幸福的修行道场，是一个极为重要的命题。

　　对这个命题，历史上得道的圣贤们一直在探讨实践，以他们冷隽的眼光，热情的心肠，为芸芸众生指明了解脱超越的方向。儒家标举孔颜乐处，塑造了将不义的富贵看作浮云的孔圣人、箪食瓢饮在陋巷中怡然自得的颜回；道家标举逍遥游，塑造了骑着青牛远涉流沙的老子、持着钓竿自得于濮水的庄周；释家标举在世出世，塑造了放弃王位苦苦修行、普度众生的佛陀。三教圣人倒驾慈航，为世人指点迷津。每一个中国人的精神生命，无不受到这三家文化的恩惠和滋养；每个中国人的精神基因里，都深深烙上了三教思想的印记。在中国文化的长河中，将三家精髓落实到生活中，运用到红尘里，将凝重的经典转化为审美的人生，将圣人的感悟转化为人生的智慧，明清的清言小品实在是居功甚伟。

二

　　"清言"，又称清语、冰言、隽语等。所谓"清"，是指与混浊的尘世相比而言的清明美好的境界。"小品"一词原为佛家用语，佛家将佛经的全本或繁本称为"大品"，与之相对的节略本称为"小品"，因此小品的本义是指佛家经典的简略译本。明代使用小品这一概念，主要是和那些高头讲章区别开来。清言小品这种体裁，在唐宋之前以《世说新语》为代表，唐宋以后开始大量涌现，主要是受了禅宗语录的影响。中唐以后，记录高僧说法的禅宗语录广为盛行，到宋代出现了摹拟它的儒家学者的语录，如《朱子语类》等。到了明代，清言小品蔚然兴起，成为一种特殊的文学形式。由于道德桎梏有所松弛，文人们可以自由大胆地表露性灵，文坛上涌现了一批极具个性、创造力极为旺盛的才子，性情的解放达到了高潮。而清言小品这种形式，不拘长短，不泥骈散，随手点染，最适于抒发性情，为文人们写作时所青睐。他们竞相创作，涌现了一批立意警拔、韵律谐美、清畅优美的清言类著作，林语堂先生将之称为"享受自然和人生的警句和格言"。其中最具代表的首推《菜根谭》。

　　《菜根谭》是明朝万历间问世的一部奇书，它是绝意仕途的隐士洪应明写的一本语录体著作。北宋学者汪信民说，一个人能够"咬得菜根"，则"百事可做"。洪应明以"心安茅屋稳，性定菜根香"为主旨，写下了脍炙人口的菜根箴言，成为流传广远的格言体人生智慧宝典。全书融合了儒家的中庸、道家的无为、释家的超脱，搅酥酪长河成一味，熔瓶盘钗钏为一金。《菜根谭》中的箴言，适用于社会各个阶层的人，特别是为古代的士君子们展示了一种梦寐以求的理想生活：隐居在幽静美丽的世外桃源，炉烟袅袅，茶香悠悠，幕天席地，醉卧落花，有山水清音，有菜根香韵。并且，即便是置身红尘闹市，也能任他红尘滚滚，我自清风明月，百花丛中过，片叶不沾身。它所标举的风致情怀，受到了普遍的击节赞赏。

　　《娑罗馆清言》是明代文学家屠隆（1543—1605）的杰作。屠隆，字长卿，又字纬真，号赤水、纬真子、娑罗馆主，鄞县（今浙江宁波鄞州区）人。万历五年（1577）进士。他在县令任上，经常招携当地名士登山临水，饮酒赋诗，并以"仙令"自许。罢官归隐田园之后，过上了许多中国文人心仪神往的诗书耕读生活。他曾追随明末四大高僧之一的莲池大师修习佛法，故《娑罗馆清言》染上了浓重的禅学色彩。佛祖释迦牟尼在娑罗树下进入涅槃，书名用"娑罗"二字，说明屠隆的情怀志向与佛教密切关联。《娑罗馆清言》是一部禅学珍言集，是作者"踟蹰出定，意兴偶到"（《自序》）之际用神来之笔创作而成的"积思玄通，孤情直上"之作。（章载道《清言叙》）对此作者在《自序》中也不无自负之情："余之为清言，能使愁人立喜，热夫就凉，若披惠风，若饮甘露。"

　　《小窗自纪》是明末文人吴从先撰写的清言小品集。吴从先，字宁野，号小窗，江苏常州人。毕生博览群书，醉心著述。他的朋友吴逵说他："为人慷慨淡漠，好读书，多著述，世以文称之；重视一诺，轻挥千金，世以侠名之；而不善视生产，不屑争便径，不解作深机，世又以痴目之。"（《小窗清纪·序》）可见他除了文誉炽盛之外，还有豪侠仗义、耿直任性、憨厚醇正的品性。全书将为人处世的智慧，修身养性的箴言，娓娓道来，情文并茂。才气横溢，对仗精工，隽永精粹，耐人寻味。

　　《小窗幽记》是托名明末文学家陈继儒（1558—1639）的一部著作。陈继儒，号眉公，松江华亭（今上海松江）人，文名重于当世。《明史》称他"短翰小词，皆极风致……或刺取琐言僻事，诠次成书，远远竞相购写"。也许是有人看到了他的盛名所蕴含的巨大价值，将晚明陆绍珩辑录的《醉古堂剑扫》改头换面，用《小窗幽记》的书名，在乾隆三十五年（1770）出版。出版之后，世人深信它为眉公所辑，这当是因为此书立意警拔，智慧深邃，情致洒脱，正符合世人心目中的眉公形象。前人在《序言》中盛赞它"语带烟霞，韵谐金石"，可见其境界高华，品位超俗。《小窗幽记》包罗了为人处世、情感个性、境界品位、怡情养性等诸多方面的内容。书中辑录的佳句来源广泛。书中倡导充满诗情和禅意的生活。摒落浮华，回归自然，凝神审美如一泓甜美而甘冽的清泉，滋润着红尘俗世中干涸皲裂的心灵。

　　《幽梦影》是清代张潮（1650—?）的作品。张潮，字山来，号心斋，安徽歙县人。屡战科场，连连失败，遂绝意仕途，闭门写作，广交文友。座中客常满，经年无倦色。这种生活方式为他带来了盛誉，强烈地刺激了他的文学创作。他在继承家业后，以写作和刻书为务，成为清初徽州府籍最大的坊刻家之一，这也为其著作刊行带来了便利。《幽梦影》纯粹为作者情趣的流露，他极为看重人生的"真"与"趣"，重性情，讲趣味，喜园林，爱山水，也爱美人，追求恣意洒脱、至情至性的生活状态。书中最为精彩的地方，就是他对审美感受独到而细腻的描绘。张潮在创作过程中，将平日心得写下来，交给朋友传阅评点，最后结集出版。这就意味着他一边创作，朋友们就在一边围观点赞。这样的互动模式激发了百余位学者共同欣赏、评点的热情。在原文中夹杂评语的方式，创造了新的写作模式，大大增强了人气和现场互动氛围，在当时就获得了极大的成功。《幽梦影》是一部唯美的作品，用美的眼光发现美的事物，作者是痴情之人，所写的都是痴情之语。"为月忧云，为书忧蠹，为花忧风雨，为才子佳人忧命薄，真是菩萨心肠。"《幽梦影》通篇充满着这种"菩萨心肠"，充满着"情必近于痴而始真"的真性情。正可谓不俗即仙骨，多情乃佛心。

《幽梦续影》是清代朱锡绶所作。朱锡绶，号峹山草衣，江苏太仓人，道光二十六年（1846）举人，曾任知县，能诗擅画。《幽梦续影》承张潮余绪，涉猎艺苑，感悟人生，也时有灵光闪现的神来之笔，充盈着高人趣味和雅士情怀。今与《幽梦影》合成一册。

《围炉夜话》是清代咸丰时人王永彬写的一部劝世之作，涵盖了修身养性、为人处世、治学立业、教子齐家等诸多人生话题。与《菜根谭》、《小窗幽记》一起被后世称为"处世三大奇书"。作者以儒家思想为根基，洞察人情，见微知著，振聋发聩。以儒家的思想来观照禅学，把佛教的修行落实于日常的待人接物上，是此书的一大特色。所谓"肯救人坑坎中，便是活菩萨"，"作善降祥，不善降殃，可见尘世之间，已分天堂地狱"。书中还特别重视对青少年的教育和培养。阅读这本书，就像一群后生跟着一位饱经沧桑、德高望重的长者，在白日的喧嚣后安静下来，围着温暖的火炉，脸上映着红彤彤的火苗，兴致盎然地听他娓娓而谈，让人感觉世界是如此宁静、生活是如此美好。

《偶谭》为明代李鼎所著。李鼎字长卿，豫章（今江西南昌）人。《偶谭》篇幅短小，"兴到辄成小诗，附以偶然之语，亦云无过三行"，但碎金美玉，时时可见。通篇充溢着睿智洒脱的禅学气息、玲珑透彻的人生感悟。因本书篇幅较小，所以和《围炉夜话》合为一册。

三

《禅境丛书》选入的八部明清小品，都充满人生智慧，文质双美，表里澄澈。

形式之美。一是对仗工整。它们几乎都是清一色的对句（联语、对语、偶语、韵语），有联珠贯玉之美。二是短小精粹。作者即兴点染，不拘一格，篇幅短小，轻松易读。三是音律谐美。这些清言隽语，字字珠圆，句句玉润。读来朗朗上口，谐金石之声，夺宫商之韵。四是譬喻巧妙。行云流水，悟透般若智慧；巧譬妙喻，道破尘缘万象。五是雅俗兼采。在自铸新词的同时，还征引、化用先哲格言、佛禅慧语、古典名句。六是通俗易懂。借鉴了语录体的创作，让读者读得懂，也想得通。

内容之美。举凡修身养性、为人处世、日常伦理、出世入世、高人风致、隐士情怀、山水品鉴、审美感受等，无不网罗殆尽。儒家、道家、释家，三教思想兼融；入世、出世、济世，三圣情怀并具。中国文化三教合流，这在清言中也体现得非常明显。清言汲取儒家思想菁华，强调安贫乐道的精神；汲取道家思想菁华，标举虚静无为的风度；吸取佛家思想菁华，提倡超凡入圣的禅境。这些作品博采诸家，并洋溢着山居的气象和情趣。在清言中，俗世生活往往受到否定，山林生活总是得到肯定，令人向往："交市人不如友山翁"（《菜根谭》），"居绮城不如居陋巷"（《小窗自纪》），"一生清福，只在茗碗炉烟"（《小窗幽记》）。禅意的山居，并不限于山林，在红尘中活出山林的气象，才是真正的山林。"有浮云富贵之风，而不必岩栖穴处。"（《菜根谭》）

相反，如果一个人不能悟道，就会"居闹市生嚣杂之心"（《娑罗馆清言》）。因此，只要心中宁静，红尘不异山林，喧嚣不碍宁静："心地上无风涛，随在皆青山绿水"，"心远处自无车尘马足"。（《菜根谭》）"胸藏丘壑，城市不异山林；兴寄烟霞，阎浮有如蓬岛。"（《幽梦影》）于是，好酒而不滥饮，好色而不滥交，好财而不贪婪，好道而不弃家，就成了心向往之的人生境界。作为前贤感悟人生的成果，这些作品把人生的要义、处世的妙谛、修炼的体会，在只言片语中阐发无遗，诚可谓"冷语、隽语、韵语，即片语亦重九鼎"（吴从先《小窗自纪》）。

清言慧语，展现了澄明高远的禅境，堪称现代人修身养性的指南。如：

动静圆融的禅境："定云止水中，有鸢飞鱼跃的气象。"（《菜根谭》）"至人除心不除境，境在而心常寂然。"（《续娑罗馆清言》）

出入不二的禅境："人能看得破认得真，才可以任天下之负担，亦可脱世间之缰锁。"（《菜根谭》）"必出世者方能入世"，"必入世者方能出世"。（《小窗自纪》）"宇宙内事，要担当，又要善摆脱。"（《小窗幽记》）

定力深厚的禅境："风斜雨急处，要立得脚定；花浓柳艳处，要着得眼高。"（《菜根谭》）

无住生心的禅境："风来疏竹，风过而竹不留声；雁渡寒潭，雁去而潭不留影。""竹影扫阶尘不动，月轮穿沼水无痕"，"水流任急境常静，花落虽频意自闲。"（《菜根谭》）

苦乐由心的禅境："知足者仙境，不知足者凡境。""心无染着，欲界是仙都；心有挂牵，乐境成苦海矣。""人生福境祸区，皆念想所造成。""世亦不尘，海亦不苦，彼自尘苦其心尔。"
(《菜根谭》)

证悟空性的禅境："山河大地已属微尘，而况尘中之尘；血肉身躯且归泡影，而况影外之影。"(《菜根谭》)

圆满无瑕的禅境："此心常看得圆满，天下自无缺陷之世界。"(《菜根谭》)

宠辱不惊的禅境："宠辱不惊，闲看庭前花开花落；去留无意，漫随天外云卷云舒。"(《菜根谭》)

确实，虽然尘世溷扰喧嚣，但只要我们养成一种超越的精神、不染的心境、随缘的态度、洒脱的情怀，就能在世俗红尘中，感悟到禅境的宁静高远、澄澈美丽。

四

《幽梦影》说："著得一部新书，便是千秋大业；注得一部古书，允为万世弘功。"清言作家们，泽被后世；而我注译这套《禅境丛书》，却并不奢望为"万世弘功"，只是出于纯粹的爱好和兴趣。多年来，我一直憧憬着《禅境丛书》所描绘的生活，所以带着欢喜心，把禅的感悟分享给大家。

本丛书的整理，包括校勘、译文、注释几个方面。

版本：择优而选。《菜根谭》用日本流行本；《娑罗馆清言》用宝颜堂秘笈本；《小窗自纪》用万历本；《小窗幽记》用乾隆本；《幽梦影》用康熙本；《幽梦续影》用漭喜斋刻本；《围炉夜话》用通行本；《偶谭》用丛书集成初编本。

校勘：对每一种作品的几种版本相互参校，择善而从，不出校记；对相重的篇目，注明亦见某书，不作繁琐考论。对原书中有些迂腐不当的条目，没有选入。

译文：为便于读者理解，在每一则原文上新加了标题。考虑到原文多是对句，译文也基本采取了大体整齐的句式。用意译和直译相结合的方式，尽量兼顾严谨与灵活。

注释：只对必要的典故、词语加以注释。对可以在译文中体现出意思的典故，为节省篇幅，不再另行作注。

当今之世，我们内心的那份真性情早已被滚滚红尘封闭禁锢了，被"妖歌艳舞"淹没了，以致我们与它"当面错过"，"咫尺千里"。（《菜根谭》）阅读这套丛书，可以重现尘封已久的真性情、真面目。当我们苦于城市的嚣嚷时，心灵必然要找一方净土。而这方净土不在别处，就在《禅境丛书》所展现的禅天禅地之中。

现在，就让我们摒落尘缘万象，挑起云水襟怀，随同澄明的智者们，攀登智慧的山峰，进入禅意的境界，品鉴禅悟人生的无限风光吧！

灵山一会犹然在，禅天禅地一笑逢。

我相信，当我们慢慢品味禅境时，会觉得菜根越来越甘甜醇厚，娑罗树间的月色越来越清亮如水，小窗里的灯烛越来越摇曳生姿，幽梦中的情影越来越美丽多情，围炉边的叙谈越来越温暖如春……

吴言生

2016 年 3 月 31 日于佛都长安

目　录

菜根谭　前集

宁受一时寂寞　毋取万古凄凉

栖守道德者，寂寞一时；依阿权势者，凄恨万古。达人观物外之物[1]，思身后之身[2]。宁受一时之寂寞，毋取万古之凄凉。

今译　虽然坚持道德准则的人，也许会经受短暂的寂寞；可是那些依附权势的人，却会遭受到永久的孤独。达人很重视精神的价值，顾及到死后的声名荣誉。所以宁愿受一时的冷落，也不愿遭受永久的凄凉。

注释　[1] 达人：指智慧高超、胸襟开阔、眼光远大的人。物外之物：现实物质生活以外的精神生活和道德修养。
[2] 身后之身：死后的身名。

练达不若朴鲁　曲谨不若疏狂

涉世浅，点染亦浅。历事深，机械亦深。故君子与其练达，不若朴鲁；与其曲谨，不若疏狂。

今译　阅历短浅的人受到的污染也浅，

饱经世故的人城府必然也很深。
所以君子与其成熟老到通世故，
不如保持朴素愚钝淳厚的天性。
与其要谨小慎微处处委曲求全，
还不如狂放不羁才是活得洒脱。

心事使人知　才华不轻露

君子之心事，天青日白，不可使人不知；君子之才华，玉韫珠藏[1]，不可使人易知。

今译　　一个有高深修养的君子，心地像青天白日般光明，
　　　　没有一点不可告人的事；一个有高深修养的君子，
　　　　才华像珍珠美玉般珍藏，绝对不会让人轻易知道。

注释　　[1] 玉韫（yùn）：《论语·子罕》："有美玉于斯，韫匮
　　　　而藏诸，求善而沽诸？"西晋陆机《文赋》："石韫
　　　　玉而生辉，水怀珠而川媚。"韫，蕴藏，怀藏。

势利纷华近之不染　智械机巧知而不用 ❧

　　势利纷华，不近者为洁，近之而不染者尤洁；机械智巧[1]，不知者为高，知之而不用者尤高。

今译　　不近权利财势繁华的人固然清白，
　　　　　接近了它们而不受污染就更清白；
　　　　　不知道权谋和术数的人固然高尚，
　　　　　知道了它们而不加使用就更高尚。

注释　　[1] 机械智巧：运用心计权谋。

逆耳之言　拂心之事 ❧

　　耳中常闻逆耳之言[1]，心中常有拂心之事[2]，才是进德修行的砥石。若言言悦耳，事事快心，便把此身埋在鸩毒中矣[3]。

今译　　耳朵经常听到不中听的话，
　　　　　心里经常想到不如意的事，
　　　　　这才是磨练好品德的砥石。

如果听到的话都悦耳动听，

遇到的每件事都称心如意，

就把一生浸泡在毒酒中了。

注释　[1] 逆耳之言：《孔子家语》："良药苦于口而利于病，

忠言逆于耳而利于行。"

[2] 拂心：不顺心。

[3] 鸩（zhèn）毒：鸩是一种有毒的鸟，羽毛有剧毒，泡

入酒中可制成毒药，即鸩酒，人喝了之后立即死亡。

天地有和　人心有喜

疾风怒雨，禽鸟戚戚[1]；霁日光风，草木欣欣。可见天地不可一日无和气，人心不可一日无喜神。

今译　置身雨骤风狂的天气里，连禽鸟都感到哀伤忧虑；

雨过天晴长空明净之时，草木欣欣向荣一派生机。

可见天地间不可一天没有祥和之气，

而人的心也不可一天没有喜悦之情。

注释　[1] 戚戚：忧惧，忧伤。《论语·述而》："君子坦荡荡，

小人长戚戚。"

真味只是淡　至人只是常 ～

　　醲肥辛甘非真味[1]，真味只是淡[2]；神奇卓异非
至人[3]，至人只是常[4]。

　　今译　　美酒佳肴大鱼大肉并不是真正的美味，
　　　　　　真正的美味只需在粗茶淡饭中来体会；
　　　　　　行为举止神奇超群不是德行完美的人，
　　　　　　德行完美的人行为和普通人一样平常。

　　注释　　[1] 醲肥辛甘：指各种浓腻的美味。醲，味道浓烈的
　　　　　　　　酒。肥，美食。辛，辣味。甘，甜味。
　　　　　　[2] 真味：美妙可口的味道，喻人的自然本性。
　　　　　　[3] 神奇：指才能智慧超越常人。卓异：才智过人。
　　　　　　[4] 至人：道德修养达到完美无缺的人。

闲中吃紧　忙处悠闲 ～

　　天地寂然不动，而气机无息稍停[1]；日月昼夜奔
驰，而贞明万古不易[2]。故君子闲时要有吃紧的心思，
忙处要有悠闲的滋味。

今译　天地看起来好像是安宁寂静得一动也不动，
　　　而实际上天地的活动一时一刻都没有歇息；
　　　太阳早上升起明月晚间出现昼夜旋转不停，
　　　但不管怎样旋转日月的光明却是永恒不变。
　　　所以聪明睿智的君子应该效法自然的变化；
　　　在悠闲空暇的时候要有时光不待人的感觉，
　　　以便抓紧时间干一番赖以安身立命的大事；
　　　在忙忙碌碌的时候也要抽出闲暇悠游自得，
　　　这样才能够享受到应该享受到的生活乐趣。

注释　[1] 气机：指大自然的活动，即天地阴阳之气。机，
　　　　活动。
　　　[2] 贞明：光辉永照。

静中观本心　妄穷真自露

夜深人静独坐观心，始觉妄穷而真独露[1]，每于此中得大机趣[2]。既觉真现而妄难逃，又于此中得大惭忸[3]。

今译　夜深人静万籁俱寂的时候，
　　　独自静坐来观察自己的心，
　　　会发现妄心消退真心流露。

当这个真心开始流露之时，
觉知了无杂念的细微境界。
然而当真心出现之后不久，
虚妄的无明念头仍难根除，
心上有了羞愧不安的感觉，
又产生了改过向善的念头。

注释　　[1] 妄穷而真独露：佛教认为一切事物皆非真有，肯定
　　　　　　　存在就是妄见。真，真境，脱离妄见所达到的涅槃
　　　　　　　境界。
　　　　[2] 机趣：隐微的境地。
　　　　[3] 大惭忸（niǔ）：非常惭愧。

得意早回头　失意莫放手

　　恩里由来生害，故快意时须早回头[1]；败后或反
成功，故拂心处莫便放手。

今译　　在得到恩惠的时候往往会招来祸害，
　　　　所以在得意时切不可过分沉迷其中，
　　　　应该明哲保身尽可能早地全身而退；
　　　　在遭到挫败时或许反而有助于成功，
　　　　所以不如意时切不可立即垂头丧气，

应该抱着否极泰来的信念继续奋斗。

注释　[1] 快意时须早回头：古语有"功高震主者身危，名满
天下者不赏"、"弓满则折，月满则缺"、"知足不
辱"之语，皆可与此相映证。否则即有"出上蔡东门
逐狡兔可得乎"、"华亭鹤唳可得闻乎"之类的惨剧。

淡泊以明志　浮华丧本真

藜口苋肠者[1]，多冰清玉洁。衮衣玉食者[2]，甘
婢膝奴颜。盖志以淡泊明，而节从肥甘丧也。

今译　靠着粗茶淡饭度日的清贫之士，
　　　　大多数都是洁身自好人格高尚；
　　　　而那些锦衣玉食安享清福的人，
　　　　大多数都是奴颜卑膝没有骨气。
　　　　因为淡泊的生活可以使人培养坚贞的意志，
　　　　豪奢的生活可以使人丧失崇高的人格。

注释　[1] 藜、苋：泛指贫者所食之粗劣菜蔬。
　　　　[2] 衮衣：古代帝王及上公穿的绘有卷龙的礼服。借指
帝王或上公，此指身份高贵，穿着考究。

路窄留人一步　味浓与人三分

径路窄处，留一步与人行；滋味浓的，减三分与人尝。此是涉世一极安乐法。

今译　　在狭窄的道路上行走时，要留出一些让给别人走；
　　　　遇到美味可口的佳肴时，要留出三分让给别人吃。
　　　　这是最安全快乐的处世方法。

脱俗情　除物累

作人无甚高远事业，摆脱得俗情便入名流；为学无甚增益功夫，减除得物累便超圣境[1]。

今译　　要想成为一个为人称道的著名人物，
　　　　并不一定非要干出宏伟远大的事业，
　　　　只要能摆脱凡情俗念就能跻身名流；
　　　　刻苦学习并且获得非常高深的学问，
　　　　并不需什么特别的增加学识的功夫，
　　　　只要能摆脱外物诱惑就能成为圣贤。

注释　　[1] 物累：为外物所牵累，指心遭受物欲损害。

交友带侠气　作人存素心

交友须带三分侠气，作人要存一点素心。

今译　交友要有豪放的气概，应当肝胆相照义薄云天；
　　　　　做人要有纯朴的性情，切戒庸俗世故面目可憎。

人前人后　分外分中

宠利毋居人前[1]，德业毋落人后。受享毋逾分外[2]，修为毋减分中[3]。

今译　追求名利不要抢在他人之先，
　　　　　进德修业不要落在他人之后。
　　　　　享受生活不要超出应有范围，
　　　　　修养品德不要低于应有标准。

注释　[1] 宠利：荣誉、金钱和财富。
　　　　　[2] 分：指范围。
　　　　　[3] 修为：品德修养。

处世让一步　待人宽一分

处世让一步为高，退步即进步的张本；待人宽一分是福，利人实利己的根基。

今译　遇事时让别人一步最是聪明，
　　　退让是取得进步的必要步骤；
　　　待人时宽宏大量才最有福分，
　　　利人是成就自己的坚定基础。

骄矜消福　忏悔消灾

盖世功劳，当不得一个矜字；弥天罪过，当不得一个悔字。

今译　哪怕有了盖世的功劳，
　　　如果骄傲自满，就会功劳消减；
　　　纵使犯了弥天的大罪，
　　　如果悔过自新，仍然大有希望。

事事留余地　功业勿求满

事事留个有余不尽的意思，便造物不能忌我，鬼神不能损我。若业必求满，功必求盈者[1]，不生内变，必召外忧。

今译　做任何事情都要留出点余地，
　　　而不要把事情做得太绝太损，
　　　即使是造物主也不会妒忌我，
　　　甚至连鬼神也都不能伤害我。
　　　假如所有事情都想尽善尽美，
　　　幻想一切功业都能登峰造极，
　　　即使不因此生起内心的混乱，
　　　也必然为此招致外来的忧患。

注释　[1] 求盈：《老子》："持而盈之，不如其已；揣而锐之，不如长保。"盈，圆满，无残缺。

家庭有真佛　日用有真道

家庭有个真佛，日用有种真道。人能诚心和气，愉色婉言[1]，使父母兄弟间形骸两释[2]，意气交流[3]，胜于调息观心万倍矣[4]！

今译　　家庭成员里存在着一个真佛，

日常生活中存在着一种真道。

如果人能心地真诚态度和气，

用温和的脸色和委婉的语言，

和父母兄弟相处得非常融洽，

彼此的情感和意念默契交流，

远远胜过调息观心千倍万倍。

注释　　[1] 愉色：脸上所出现的快乐面色。《礼记》："有和气

者必有愉色，有愉色者必有婉言。"

[2] 形骸两释：指别人与我之间没有身体外形的对立，

能和睦相处。

[3] 意气交流：彼此的意态和气概互相影响。

[4] 调息：佛道徒用静坐和坐禅来调理呼吸，保持内部

机体运转自如。观心：反省自己。

定云止水　鸢飞鱼跃

好动者云电风灯，嗜寂者死灰槁木。须定云止水
中有鸢飞鱼跃的气象，才是有道的心体。

今译　生性好动的人，

　　　犹如倏忽即逝的雷电、风中摇曳的灯火；

　　　酷爱静寂的人，

　　　犹如火焰熄灭的灰烬、干燥枯死的树木。

　　　要在这静止的云宁静的水中，

　　　有鹰击长空鱼翔浅底的气象，

　　　这才是体悟了大道者的心体。

❧ 攻人之恶毋太严　教人之善毋过高

攻人之恶毋太严[1]，要思其堪受；教人之善毋过高，当使其可从。

今译　批评别人的错误时不可过于严厉，

　　　要考虑到对方是否能够承受得起；

　　　引导别人去行善时不可期望太高，

　　　要顾及到对方是否能够实现得了。

注释　[1]"攻人"句：清王永彬《围炉夜话》亦阐发此意：

　　　"恶恶太严，终为君子之病。"

洁常自污出　明每从晦生

粪虫至秽[1]，变为蝉而饮露于秋风[2]；腐草无光，化为萤而耀采于夏日[3]。因知洁常自污出，明每从晦生也。

今译　粪堆里所生的虫是最脏的，

可是一旦蜕化成为蝉，却只是喝秋天洁净的露水；

腐烂的野草本来不会发光，

可是一旦化为萤火虫，却在夏夜里发出耀眼光芒。

由此可以知道：

洁净的东西常从污秽中产生，

光明的事物常从黑暗中变现。

注释　[1] 粪虫：尘芥中所生的蛆虫。此指蛴螬（金龟子的幼虫）。蝉即是从蛴螬蜕化而成。

[2] 饮露：蝉饮露水。古时以为高洁的象征。

[3] 化为萤：萤火虫产卵在水边的草根，多半潜伏在土中，次年草蛹化为成虫，就是萤火虫。古人不明白其中的情形，遂认为萤火虫是由腐草变化而成。耀采，光彩照耀。

降服客气　消杀妄心

矜高倨傲[1]，无非客气[2]；降服得客气下，而后正气伸[3]。情欲意识，尽属妄心，消杀得妄心尽，而后真心现[4]。

今译　人之所以有心高气傲的现象，
　　　　无非是受了外来血气的影响。
　　　　只要能把这种虚假言行消除，
　　　　光明正大的气概就可以出现。
　　　　一个人之所以有情欲和意识，
　　　　无非是虚幻无常的妄念妄想。
　　　　只要能把这种妄念妄想消除，
　　　　善良正直的本性就可以显现。

注释　[1] 矜高：自夸自大。倨傲：态度傲慢。
　　　　[2] 客气：指言行虚矫，不是出于至诚。
　　　　[3] 正气：至大至刚之气。
　　　　[4] 真心：真实不变的心。即一个人原有的本性，佛性。

以事后之悔悟　破临事之痴迷

饱后思味，则浓淡之境都消；色后思淫，则男女之见尽绝。故人常以事后之悔悟，破临事之痴迷，则性定而动无不正[1]。

今译　　酒足饭饱后再回想美酒佳肴的滋味，

所有甘香醇美的味道都已体会不出；

性爱满足后再回味激情冲动的意趣，

所有男女交欢的念头都会烟消云散。

因此假如人们能经常用事后的悔悟，

来破除面对某件事情时的执着痴迷，

就可以消除错误而恢复纯正的本性，

所做的事情就没有一件不合乎正理。

注释　　[1]性定：本性安定不动。

居官应有山林气　在野须怀治国才

居轩冕之中[1]，不可无山林的气味；处林泉之下，须要怀廊庙的经纶[2]。

今译　　在朝廷里官运亨通身居要职时，

应当怀有山林隐士的清高志趣；

在草莽中逍遥隐逸独善其身时，

应当胸怀治理国家的远大才能。

注释　[1] 轩冕：古制大夫以上的官吏，出门时要穿礼服
（冕）坐马车（轩）。比喻高官。
[2] 廊庙：殿下屋和太庙，指朝廷。比喻在朝从政作
官。经纶：喻谋略。

无过便是功　无怨便是德

处世不必邀功，无过便是功；与人不求感德，无
怨便是德。

今译　人生在世不必拼命去争取功劳，
只要没有过错就算是于世有补；
帮助他人不希求对方感恩图报，
对方不怨恨自己就是感恩戴德。

忧勤戒于苦　淡泊戒于枯

忧勤是美德[1]，太苦则无以适性怡情。淡泊是高
风，太枯则无以济人利物[2]。

今译　　尽心尽力地做好事情是很好的品德，
　　　　但是如果过分地辛劳而使心力交瘁，
　　　　就会使精神压力过大而得不到调剂，
　　　　也就丧失了一个人应有的生活情趣；
　　　　把功名利禄看淡了固然是高风亮节，
　　　　但是如果过分清心寡欲万事不关心，
　　　　对社会人世就不能作出什么贡献了。

注释　　[1] 忧勤：忧虑而劳苦，绞尽脑汁用尽力量去做事。
　　　　《史记·司马相如列传》："且夫王事固未有不始于
　　　　忧勤，而终于佚乐者也。"
　　　　[2] 太枯：树木失去生机为枯。此有不近人情的含意。

势穷原其初心　功成观其末路

人至事穷势蹙[1]，宜原其初心；士当功成行满[2]，要观其末路。

今译　　一个人即使到了穷途末路，
　　　　也要体察他当初的本心如何；
　　　　一个人即使达到功圆行满，
　　　　也要注意他以后的操守怎样。

注释　　[1] 蹙（cù）：穷困。

　　　　[2] 功成行满：事业有所成就，一切都如意圆满。

富贵宜宽厚　聪明宜敛藏

富贵家宜宽厚，而反忌刻[1]，是富贵而贫贱其行矣！如何能享？聪明人宜敛藏[2]，而反炫耀，是聪明而愚懵其病矣[3]！如何不败？

今译　　富贵家庭待人应宽大仁厚，

　　　　可是很多人反而刻薄阴险。

　　　　这种人虽然身为富贵之家，

　　　　行径却完全等同贫贱之人，

　　　　又如何能长久享有富贵呢？

　　　　聪明人本应该隐藏起锋芒，

　　　　可是很多人反而夸示炫耀。

　　　　这种人虽然看上去很聪明，

　　　　实际上却恰恰是愚蠢透顶，

　　　　到头来又怎么能不失败呢？

注释　　[1] 忌刻：猜忌或嫉妒。刻，刻薄寡恩。

　　　　[2] 敛藏：深藏不露。

　　　　[3] 懵：指对事物缺乏正确判断，不明事理。

居卑处晦　守静养默

居卑而后知登高之危，处晦而后知向明之太露[1]；守静而后知好动之过劳，养默而后知多言之为躁。

今译　站在低下处就会知道，攀到高处容易粉身碎骨；
　　　　站在阴凉处就会知道，向着光亮容易刺痛眼睛。
　　　　保持恬静心情就会知道，钻营驰逐的人太辛苦；
　　　　保持沉默心境就会知道，喋喋不休的人太浮躁。

注释　[1] 处晦：在昏暗的地方。

超凡　入圣

放得功名富贵之心下，便可脱凡；放得道德仁义之心下，才可入圣[1]。

今译　一个人能够摆脱功名富贵思想的约束，
　　　　就可以净化自己超越庸俗的尘世杂念；
　　　　一个人能够不受道德仁义教条的束缚，
　　　　就可以净化自己进入真正的圣贤境界。

注释　　[1] 入圣：进入光明伟大的境界。

意见害心　聪明障道

利欲未尽害心，意见乃害心之蟊贼[1]；声色未必障道，聪明乃障道之藩屏[2]。

今译　　名利和欲望未必会伤害人的心性，

偏私和邪妄才是蛀害心灵的毒虫；

歌舞女色未必能够损害人的修养，

而自作聪明才是破坏道德的障碍。

注释　　[1] 意见：此指偏见、邪念，自以为是。蟊贼：专吃禾苗的害虫。此指祸根。

[2] 藩屏：指障碍。

穷时退一步　通时让三分

人情反复，世路崎岖。行不去处，须知退一步之法；行得去处，务加让三分之功。

今译　　人世的性情如浮云变化无常，

人生的道路如羊肠曲曲折折。

当你的事业滑坡困难重重时，

必须明白退一步的做人方法；

而当你事业繁荣一帆风顺时，

务必懂得让三分的处世原则。

待小人不恶　待君子有礼

待小人不难于严，而难于不恶[1]；待君子不难于
恭，而难于有礼。

今译　　对待品行不端的小人，态度严厉并不算困难，

难的是不去憎恨他们；对待品德高尚的君子，

态度恭谨并不算困难，难的是有恰当的礼节。

注释　　[1] 恶：憎恨。《论语·里仁》："惟仁者能好人能恶人。"

正气还天地　清白在乾坤

宁守浑噩而黜聪明[1]，留些正气还天地；宁谢纷

华而甘淡泊^[2]，遗个清白在乾坤。

今译　宁可保持纯朴无华的本性，

而摒除尽后天的聪明机巧，

以便保留住一点浩然正气，

归还给孕育灵性的大自然；

宁可抛弃俗世的荣华富贵，

心甘情愿过宁静淡泊生活，

以便保留下一个纯洁美名，

归还给孕育本性的天与地。

注释　[1] 浑噩：浑浑噩噩，指人类天真朴实的本性。黜

（chù）：摈弃。

[2] 纷华：繁华富丽。

心伏群魔退听　气平外横不侵

降魔者先降自心，心伏则群魔退听；驭横者先驭
此气^[1]，气平则外横不侵。

今译　要制服恶魔必须先制伏自己内心的邪恶，

自心的邪恶降服之后心灵自然沉稳不动，

这时所有其他的恶魔自然就会全部消失。

要控制横逆必须先控制自己浮躁的情绪，
自己的浮躁控制以后自然就会心平气和，
这时所有外来的横逆自然就不可能侵入。

注释 ［1］驭横：控制强横无理的外物。

严出入 谨交游

教弟子如养闺女，最要严出入谨交游。若一接近匪人，是清净田中下一不净的种子，便终身难植嘉禾矣[1]！

今译 教导子弟应像养育女孩子那样谨慎才行，
必须严格约束他们的出入和交往的朋友。
万一放松警惕让他们交上品行不端的人，
就等于是在良田里面播下了一颗坏种子，
从此这个人就注定一辈子都没有出息了。

注释 ［1］嘉禾：长得茂盛的稻谷。

欲路毋染指　理路不退步

欲路上事[1]，毋乐其便而姑为染指[2]，一染指便深入万仞；理路上事，毋惮其难而稍为退步，一退步便远隔千山。

今译　　欲望涌动诱惑人心的事情，
　　　　绝对不要贪图它眼前方便，
　　　　就心怀侥幸伸手占为己有，
　　　　一旦伸手就坠入万丈深渊。
　　　　对于真理正义之类的事情，
　　　　绝对不要畏惧它难以实现，
　　　　就稍稍放松了进取的念头，
　　　　一旦退缩就远离开了真理。

注释　　[1] 欲路：泛称情欲、欲望、欲念。
　　　　[2] 染指：巧取不应得的利益。

不可太浓艳　不宜太枯寂

念头浓者[1]，自待厚，待人亦厚，处处皆浓；念头淡者，自待薄，待人亦薄，事事皆淡。故君子居常嗜好，不可太浓艳[2]，亦不宜太枯寂[3]。

今译　对任何事念头都多的人，往往能够善待厚待自己，
同样能够善待厚待别人，因此凡事都很气派讲究。
一个心地非常淡薄的人，不但自己过清苦的生活，
对待别人也十分地淡薄，因此凡事都很刻薄吝啬。
可见真正有教养的君子，在日常生活中的爱好是：
既不过分讲究气派豪华，也不显得过分刻薄吝啬。

注释　[1] 念头浓：心胸宽厚。
[2] 浓艳：指丰盛豪华。此作奢侈无度解。
[3] 枯寂：死板寂寞。此作吝啬解。

不为君相牢笼　不受造化陶铸

彼富我仁[1]，彼爵我义，君子固不为君相所牢
笼[2]；人定胜天[3]，志一动气[4]，君子亦不受造化
之陶铸[5]。

今译　别人有财富我富于仁德，别人有爵禄我富于仁义，
所以说有所作为的君子，绝不会被权势者所控制；
人有意志就能战胜自然，意志专一就能转变气质，
所以说修养高深的君子，绝对不会被命运所摆布。

注释　[1] 彼富我仁:《孟子·公孙丑下》:"晋楚之富不可及也。彼以其富,我以吾仁。彼以其爵,我以吾义。吾何谦乎哉?"

[2] 牢笼:束缚、限制。

[3] 人定胜天:人的意志和力量可以战胜自然。人定,人谋。

[4] 志一动气:《孟子·公孙丑上》:"志一则动气,气一则动志。"志,理想愿望。一,专一集中。动,统御。气,情绪气质。

[5] 造化:福分,幸运。陶铸:制作陶范并用以铸造金属器物。比喻造就,培育。

立身高一步　处事退一步

立身不高一步立,如尘里振衣,泥中濯足,如何超达;处世不退一步处,如飞蛾投火,羝羊触藩[1],如何安乐。

今译　修养品性如不能高处立足,
　　　就好像在尘土里掸拭衣服,
　　　又好像在泥水里洗濯双脚,
　　　如何能超越凡俗洁身自好?
　　　为人处世如不能留些余地,

就好像飞蛾扑向火焰自焚，

又好像公羊的角钻进篱笆，

如何能使自己的身心安乐？

注释　　[1] 羝（dī）羊触藩：公羊角挂在篱笆上，比喻进退两
　　　　　难。《易·大壮》："羝羊触藩，不能退，不能遂。"

修德忘功名　读书须深心

学者要收拾精神并归一路[1]。如修德而留意于事
功名誉[2]，必无实诣[3]；读书而寄兴于吟咏风雅，定
不深心。

今译　　治学的人一定要排除杂念，

集中精神专心致志地研究。

如果修德不重视人格完善，

而喜欢好大喜功沽名钓誉，

一定没有什么真正的长进；

如果读书不重视学术探讨，

只是对吟诗作词感到兴趣，

一定会很肤浅而无所成就。

注释　　[1] 收拾精神：指收拾散漫不能集中的意志。并归一

路：合并在一个方面，指专心致志地做学问。

[2] 事功：事业功名。

[3] 实诣：实际造诣。

大慈悲　真趣味

人人有个大慈悲，维摩屠刽无二心也[1]；处处有种真趣味，金屋茅檐非两地也。只是欲闭情封，当面错过，便咫尺千里矣[2]。

今译　每个人都有一颗仁慈善良的本心，
就连屠夫刽子手也和维摩诘相同；
每一处都有一种纯真自然的情趣，
就连茅草房子也和黄金屋宇一样。
只可惜人的心灵经常为情欲封闭，
因而当面错过了真正的生活情趣，
形成了差之毫厘失之千里的局面。

注释　[1] 维摩：维摩诘简称。是佛教著名的在家居士。与释
迦同时人，辅佐佛陀教化世人，被称为菩萨化身。

[2] 咫尺：一咫是八寸。咫尺指极短的距离。

木石念　云水趣

进德修道，要有个木石的念头[1]。若一有欣羡，便趋欲境；济世经邦，要有段云水的趣味。若一有贪著[2]，便坠危机。

今译　凡是修养道德磨练心性的人，
必须有木石一样坚定的意志。
如果对外界的荣华有所羡慕，
那就会被物质情欲迷失本心；
凡是治理国家服务大众的人，
必须有云水一样的淡泊胸怀。
如果对世俗的名利有所贪著，
那就会坠入危机四伏的深渊。

注释　[1] 木石的念头：唐黄檗禅师《传心法要》："如枯木石头去，如寒灰死火去，方有少分相应。"
[2] 贪著：贪恋，贪嗜。

吉人魂梦皆和气　凶人笑语藏杀机

吉人无论作用安详[1]，即梦寐神魂无非和气[2]；

凶人无论行事狠戾，即声音笑语浑是杀机[3]。

今译　一个心地善良充满正气的人，

言行举止都非常地镇定安详，

甚至梦里也洋溢着一团和气；

一个性情凶暴散发邪气的人，

不论干什么都手段残忍狠毒，

就连在说笑时也充满着杀气。

注释　[1] 作用安详：言行从容不迫。

[2] 梦寐神魂：指睡梦中的神情。

[3] 声音笑语：言谈说笑。

◦ 欲无罪于昭昭　先无罪于冥冥

肝受病则目不能视，肾受病则耳不能听。受病于人所不见，必发于人所共见。故君子欲无罪于昭昭，必先无得罪于冥冥。

今译　肝脏患了疾病眼睛就看不见，

肾脏患了疾病耳朵就听不清。

病虽然生在人看不见的肝脏，

但病症发作于人能见的地方。

所以君子要想表面没有过错，

必须在看不见处下慎独功夫。

处世方圆自在　待人宽严互存

　　处治世宜方[1]，处乱世宜圆[2]，处叔季之世当方圆并用[3]。待善人宜宽，待恶人宜严，待庸众之人当宽严互存。

今译　当政治清明天下太平时，待人接物应该严正刚直；

　　　当政治黑暗天下纷乱时，待人接物应该随机应变；

　　　在国将不国的末世时期，则应该刚直与圆滑并用。

　　　对待善良而正直的君子，要宽容厚道才算有涵养；

　　　对待奸险而邪恶的小人，要严肃不苟才能有距离；

　　　而对待一般的平民大众，则应宽严互存恩威并施。

注释　[1] 方：指品行端正。

　　　[2] 圆：圆通，圆滑。指随机应变。《易·系辞》："是故蓍之德，圆而神；卦之德，方以知。"

　　　[3] 叔季：古时用伯、仲、叔、季作为少长的顺序，叔季是兄弟中排行最后的，喻末世。《左传》："正衰为叔世"，"将亡为季世"。

律己不忘过　待人不忘恩

　　我有功于人不可念，而过则不可不念；人有恩于我不可忘，而怨则不可不忘。

　　今译　　我对别人有了功劳恩惠，也不要挂上嘴上或心头；
　　　　　　如果做了对不起人的事，就应当时时刻刻地反省。
　　　　　　别人对我有了功劳恩惠，就不能轻易将恩情忘记；
　　　　　　如果作了对不起我的事，就应当干净彻底忘掉它。

施恩不见　利物不计

　　施恩者，内不见己，外不见人，则斗粟可当万钟之报[1]；利物者，计己之施，责人之报，虽百镒难成一文之功[2]。

　　今译　　一个施舍恩惠来帮助他人的人，
　　　　　　既不可常把这种恩惠挂在心头，
　　　　　　更不可总想着获得他人的赞美，
　　　　　　这样即使是施舍一斗米的恩惠，
　　　　　　也可以收到万钟粟的真诚回报；

一个施舍财物来帮助他人的人，

不但念叨着自己对他人的施舍，

而且要求人家感恩戴德地回报，

这样即使是付出一百镒的黄金，

也难以收到一文钱的轻微功效。

注释　　[1] 万钟：极言其多。钟，古时容量单位。

　　　　[2] 镒：古时二十四两为一镒。

己之际遇不必齐　人之情理不必顺

　　人之际遇[1]，有齐有不齐，而能使己独齐乎？己
之情理，有顺有不顺，而能使人皆顺乎？以此相观对
治[2]，亦是一方便法门[3]。

今译　　每个人的遭际都有所不同，

　　　　有的运气很好可大展鸿图，

　　　　有的运气糟糕而无所成就，

　　　　自己又怎能企求最好运气？

　　　　每个人的情绪都时好时坏，

　　　　情绪稳定的时候桩桩顺利，

　　　　情绪浮躁的时候件件糟糕，

　　　　又怎能要求别人事事顺从？

假如能对此平心静气反省，

就是一个绝好的修养途径。

注释 [1] 际遇：机会境遇。

[2] 相观对治：相互对照而加以修正。

[3] 方便法门：佛家语。方便为权宜之意。法指作为人

生准则的佛法，法门为领悟佛法的通路。

心地干净明亮　方可读书学古

心地清净，方可读书学古。不然见一善行，窃以
济私，闻一善言，假以覆短[1]，是又藉寇兵而赍盗
粮矣[2]。

今译 只有心地光明品行端正的人，

才可以研习古人的道德文章。

否则看到一件古人做的好事，

就偷偷拿来满足自己的私欲；

而听到了一句古人说的好话，

就顺手拿来掩饰自己的缺点。

这就等于是资助兵器给敌人，

把粮食送给打家劫舍的强盗。

注释　［1］假以覆短：借名言佳句掩饰自己的过失。

　　　　　［2］藉寇兵而赍（jī）盗粮：送给盗贼粮食，借给盗贼
　　　　　　　　武器。比喻帮助敌人或坏人。语出秦李斯《谏逐
　　　　　　　　客书》。

俭者有余　拙者全真

　　奢者富而不足，何如俭者贫而有余；能者劳而招
怨，何如拙者逸而全真[1]。

今译　豪华奢侈而挥霍无度的人，

　　　　　即使有很多财富也不够用。

　　　　　哪里比得上虽然生活贫穷，

　　　　　却节俭而感到富裕的人呢？

　　　　　才华卓越而智力超群的人，

　　　　　虽然勤劳却招致别人怨恨。

　　　　　哪里比得上虽然头脑愚笨，

　　　　　却安逸而保全真性的人呢？

注释　［1］逸而全真：安闲而能保全本性。

讲学尚躬行　立业思种德

读书不见圣贤，如铅椠佣[1]；居官不爱子民[2]，如衣冠盗[3]。讲学不尚躬行，为口头禅[4]；立业不思种德，为眼前花。

今译　读书而不能通晓圣贤思想的精义，
　　　　就一像个没有独立见解的写字匠；
　　　　做官而不能解决百姓生活的困难，
　　　　就像一个穿着官服戴官帽的强盗。
　　　　只会讲解学问却不能够身体力行，
　　　　就像个不通佛理只知哼哼的和尚；
　　　　建立功业却不为自己积累下德行，
　　　　就像一朵美丽却很快凋谢的花朵。

注释　[1] 铅椠（qiàn）：铅是古时用来涂抹简牍上错字用的
　　　　一种铅粉。椠是不易捣坏的硬板。古代没有发明纸
　　　　笔时，在板上写字，因以铅椠代表纸与笔。
　　　　[2] 居官：担任官职。子民：古有"爱民如子"之说，
　　　　故称老百姓为子民。
　　　　[3] 衣冠盗：穿着衣冠的盗贼。即指窃取俸禄的官吏。
　　　　[4] 口头禅：指不能领会佛禅理，只是袭用禅宗和尚的
　　　　常用语作为谈话的点缀。后指说话时经常挂在嘴上
　　　　而没有多少实际意义的话。

扫除外物　直觅本来

人心有一部真文章，都被残篇断简封固了[1]；有一部真鼓吹[2]，都被妖歌艳舞淹没了。学者须扫除外物，直觅本来，才有个真受用。

今译　每个人的心里都有一部真正的好文章，
可惜被内容残缺的杂乱文章给封闭了；
每个人的心里都有一首最美妙的乐曲，
可惜被淫荡绮靡的妖歌艳舞给淹没了。
所以一个有学问且有操守的知识分子，
必须彻底地排除一切外来物欲的引诱，
直接返观内心以看到自己的纯明本性，
才能获得真正的学问使一生受用不尽。

注释　[1] 残篇断简：指古代遗留下来的残缺不全的书籍。
[2] 鼓吹：鼓吹乐，古代乐器合奏曲，用鼓、钲、箫、笳等合奏。泛指音乐。

苦心得趣　得意生悲

苦心中常得悦心之趣[1]，得意时便生失意之悲。

今译　人们在苦心追求时，

因为感受到追求成功的喜悦，

而觉得乐趣无穷。

人们在志得意满时，

因为面临着顶峰过后的低俗，

而生起失意悲哀。

注释　[1] 悦心之趣：使心中喜悦而有乐趣。

富贵名誉　得之有根

富贵名誉，自道德来者，如山林中花，自是舒徐繁衍[1]；自功业来者，如盆槛中花，便有迁徙兴废；若以权力得者，如瓶钵中花[2]，其根不植，其萎可立而待矣。

今译　一个人的荣华富贵和名誉声望，

如是从高深的道德修养中得来，

就如同生长在大自然中的花朵，

会不断地繁衍绵绵延延无绝期；

如是从显赫的功名事业中得来，

就如同生长在花园里面的盆花，

随时都面临迁移和枯萎的危险；

如是从跋扈的权势力量中得来，

就如同插在各种花瓶中的花朵，

由于它的根部没有深植在土中，

所以花的凋谢确乎是指日可待。

注释　　[1] 舒徐：从容自然。舒，展开。徐，缓慢。

　　　　　[2] 瓶钵中花：瓶钵是僧人用具。瓶钵中花指插在花瓶

　　　　　　　中的无根之花。

立好言　行好事

　　春至时和，花尚铺一段好色，鸟且啭几句好音[1]。
士君子幸列头角[2]，复遇温饱，不思立好言行好事，
虽是在世百年，恰似未生一日。

今译　　春天来临时景致格外明媚，

　　　　　人的精神洋溢着勃勃生机。

　　　　　就连花草树木也争奇斗艳，

　　　　　在大地铺上一层美丽景色；

　　　　　甚至连飞鸟也在这春光中，

　　　　　吟唱出了几许美妙的歌声。

　　　　　而对于才华出众的读书人，

　　　　　如果能够侥幸地出人头地，

又能够吃上饱饭穿上暖衣，

却写不出几本不朽的著作，

或做出些有益世人的事情，

那么他即使活到了一百岁，

也像是连一天都没有活过。

注释　[1] 按：清张潮《幽梦影》："秋虫春鸟，尚能调声弄

舌，时吐好音。我辈搦管拈毫，岂可甘作鸦鸣牛

喘。"与此则可互参。

　　　[2] 头角：气象峥嵘，喻才华出众。

学须兢业　又要潇洒

学者有段兢业的心思[1]，又要有段潇洒的趣味。
若一味约束清苦[2]，是有秋杀无春生，何以发育万物。

今译　做学问的人既要思考细密勤奋治学，

同时还要有种潇洒脱俗的高远情怀。

如果只知道一味克制自己约束自己，

就会显得暮气沉沉而丝毫没有生机。

如同大自然中只有肃杀收敛的秋天，

却竟没有阳光普照惠风和畅的春季，

又怎么能够使万物健康正常地成长？

注释　　[1] 兢业：兢兢业业，小心谨慎。

　　　　[2] 约束清苦：指过束手束脚、清寒刻苦的生活。

真廉　大巧

真廉无廉名，立名者正所以为贪；大巧无巧术[1]，用术者乃所以为拙。

今译　　真正廉洁的人不贪图虚名，

　　　　所以反而没有廉洁的名声。

　　　　而那些到处树立声誉的人，

　　　　正是为了替自己沽名钓誉；

　　　　真正智慧的人不卖弄机巧，

　　　　所以看上去反而显得笨拙。

　　　　而那些一味玩弄机巧的人，

　　　　正是为了替自己掩饰笨拙。

注释　　[1] 大巧：聪明绝顶。

居无 处缺

欹器以满覆[1]，扑满以空全[2]。故君子宁居无不居有，宁处缺不处完。

今译　汲水的欹器，装满了水就会倾侧翻倒；

　　　装钱的扑满，装满了钱就会摔得破碎。

　　　君子宁愿不去拥有，

　　　也不愿因过满而招来倾覆破碎；

　　　君子宁愿抱残守缺，

　　　也不愿因完满而招来灭顶之灾。

注释　[1] 欹（qī）器：古代装满水时就会倾侧翻倒的器物。水少则倾，中则正，满则覆。古人将它放在座位旁边使人警惕。《荀子·宥坐》："孔子观于鲁桓公之庙，有欹器焉。孔子问于守庙者曰：'此为何器?'守庙者曰：'此盖为宥坐之器。'"

　　　[2] 扑满：古时的储钱罐。当钱储满了的时候，就把它扑破，取出钱。

名根未拔堕尘情　客气未融为剩技

名根未拔者[1]，纵轻千乘甘一瓢[2]，总堕尘情[3]；客气未融者，虽泽四海利万世，终为剩技。

今译　一个人如果不彻底摒弃名利之心，
　　　　即使他轻视富贵而甘过清苦生活，
　　　　最后仍摆脱不了世俗名利的诱惑；
　　　　一个人如果很容易受到外来影响，
　　　　即使他恩泽广被而至于千秋万世，
　　　　到最后仍不过是一种多余的伎俩。

注释　[1] 名根：名利的念头，功利思想。
　　　　[2] 千乘：战国时期诸侯国，小者称千乘，大者称万乘。古时一车四马为一乘。一瓢：指用瓢来饮水吃饭的清苦生活。《论语·雍也》："贤哉回也，一箪食，一瓢饮，居陋巷，人不堪其忧，回也不改其乐。"
　　　　[3] 尘情：俗世之情。

心体要光明　念头莫暗昧

心体光明[1]，暗室中有青天[2]；念头暗昧[3]，白日下有厉鬼。

今译 一个人心体光明磊落，即使在黑暗的屋子里，
也像站在万里晴空下；一个人心地阴险邪恶，
即使在青天白日之下，也会遇见阴森的恶鬼。

注释 [1] 心体：智慧和良心。
[2] 暗室：隐密不为人见的地方。
[3] 暗昧：阴险见不得人。

无名无位乐最真　不饥不寒忧更甚

人知名位为乐，不知无名无位之乐为最真；人知
饥寒为忧，不知不饥不寒之忧为更甚。

今译 一般人都只知道得到名誉和官职是人生的快乐，
却不知没有名位时的快乐才是人生真正的快乐；
一般人都只知道承受饥饿与寒冷是人生的苦事，
却不知没有饥寒时的忧虑比起前者来更加痛苦。

阴恶恶大　显善善小

为恶而畏人知，恶中犹有善路[1]；为善而急人知，善处即是恶根。

今译　　如果一个人做下了坏事而担心让人知道，
　　　　那么他在恶性中还保留改过向善的良知；
　　　　如果一个人做了善事而急着让别人知道，
　　　　那么他在做善事时已种下了作恶的根苗。

注释　　[1] 善路：向善学好的路。

逆来顺受　居安思危

天之机缄不测[1]，抑而伸伸而抑，皆是播弄英雄颠倒豪杰处[2]。君子逆来顺受，居安思危，天亦无所用其伎俩。

今译　　上天的奥秘变幻无穷绝对地难以预料，
　　　　他有时让人先陷于困境然后春风得意，
　　　　有时却又让人先一帆风顺再颠沛坎坷。

不论是先抑后伸或先伸后抑哪种情况，
都是上天恶作剧般地在捉弄英雄豪杰。
因此君子遇到横逆事件只是一笑置之，
在平安无事之时也要想到危难的来临，
这样上天就无法施展捉弄人的伎俩了。

注释　[1] 机缄：机关开闭。谓推动事物发生变化的力量。亦
　　　　　指气数、气运。机，发动。缄，封闭。
　　　[2] 播弄：玩弄，摆布。

勿燥性寡恩　忌凝滞固执

　燥性者火炽，遇物则焚；寡恩者冰清，逢物必杀。
凝滞固执者，如死水腐木，生机已绝，俱难建功业而
延福祉。

今译　性情急躁的人言行如火一般炽烈，
　　　所有跟他接触的人物都会被焚毁；
　　　性情刻薄的人言行如冰一般冷酷，
　　　所有被他碰上的人物都会被伤害；
　　　而那些性情呆板且性格愚顽的人，
　　　既像是一潭死水又像是一株朽木，
　　　死气沉沉已经完全断绝了生命力，

这些人都不能成就功业延续福祉。

养喜神　去杀机

福不可徼[1]，养喜神以为召福之本而已；祸不可避，去杀机以为远祸之方而已。

今译　人间的福分不可勉强去追求，
　　　　　只要能经常保持乐观的态度，
　　　　　就算是人生幸福生活的基础；
　　　　　人间的灾祸实在是难以避免，
　　　　　只要能消除伤害他人的念头，
　　　　　就算是远离灾祸的有效途径。

注释　[1] 徼（yāo）：求取。

宁默毋躁　宁拙毋巧

十语九中未必称奇，一语不中则愆尤并集[1]；十谋九成未必归功，一谋不成则訾议丛兴[2]。君子所以宁默毋躁，宁拙毋巧。

今译　即使十句话说对九句也未必有人称赞你，
　　　　但是说错了一句就会立刻遭受众多指责；
　　　　即使十次计谋九次成功也未必能受奖赏，
　　　　但是有一次失败埋怨责难就会纷纷到来。
　　　　所以君子宁愿保持沉默而不随便乱开口，
　　　　在做事方面宁可显得笨拙也不显露聪明。

注释　[1] 愆（qiān）尤：指责归咎。过失为愆，责怪叫尤。
　　　　并集：接连而至。
　　　　[2] 訾（zī）议：非议、责难。

和气热心　福厚泽长

天地之气，暖则生，寒则杀。故性气清冷者[1]，
受享亦凉薄[2]；惟和气热心之人，其福亦厚，其泽
也长。

今译　大自然四季的变化气机运行，
　　　　春夏气候温暖万物欣欣向荣，
　　　　秋冬气候寒冷万物萧条衰落。
　　　　作人的道理也跟大自然一样，
　　　　性情不同产生的结果也有别：
　　　　一个性情高傲冷漠自私的人，

如秋冬天气那样冷漠而萧条，

他得到的福分也冷落而淡薄。

而如春夏温和满腔热情的人，

既肯助人也能获得别人帮助，

所以他获得的福分不但丰厚，

而且他的福泽也将流传长远。

注释　　[1] 性气：性情气质。

　　　　　[2] 受享：所享有的福分。

天理路宽　人欲路窄

天理路上甚宽[1]，稍游心胸中，便觉广大宏朗；
人欲路上甚窄，才寄迹眼前[2]，俱是荆棘泥涂[3]。

今译　　宇宙间的真理就像宽敞的大路，

只要人们略微用心地加以体会，

心灵就能够无边辽阔豁然开朗；

人世间的欲望就像狭窄的小径，

只要人们刚刚行走在它的上面，

眼前就是一片布满荆棘的沼泽。

注释　　[1] 天理：天道。

[2] 寄迹：立足投身。

[3] 荆棘：荆棘多刺，喻坎坷难行的路或繁琐难以处理
的事，引申为艰难困苦的处境。

苦乐相磨练　疑信相参勘

一苦一乐相磨练，练极而成福者其福始久；一疑
一信相参勘[1]，勘极而成知者其知始真。

今译　　在人的一生中有苦境也有乐境，
只有在苦境与乐境中不断磨练，
不断磨练得来的幸福才能长远；
求学时既要有信心也要有怀疑，
只有对怀疑的事不断进行验证，
不断验证得来的学问才算真纯。

注释　　[1] 参勘：参，交互考证。勘，仔细考察。

心虚　心实

心不可不虚，虚则义理来居；心不可不实，实则

物欲不入。

　　今译　　心胸一定要虚静，虚静才能容得下学问。
　　　　　　意志一定要坚固，坚固才能抗得住物欲。

君子之量

　　地之秽者多生物，水之清者常无鱼[1]。故君子当存含垢纳污之量[2]，不可持好洁独行之操[3]。

　　今译　　堆满了腐草粪便的土地，才是生长植物的好土壤；
　　　　　　而一条清澈见底的河流，却很难看到鱼虾的痕迹。
　　　　　　所以有高深修养的君子，应该有容纳污垢的度量，
　　　　　　而不要只因为自命清高，就跟平凡人断绝了来往。

　　注释　　[1]"水之清"句：《孔子家语》："水至清则无鱼，人至
　　　　　　察则无徒。"
　　　　　　[2]含垢纳污：喻气度宽宏而有容忍雅量。
　　　　　　[3]好洁独行之操：保持独善其身的态度。

优游不振　终身不进

泛驾之马[1]，可就驰驱；跃冶之金，终归型范[2]。只一优游不振，便终身无个进步。白沙云[3]："为人多病未足羞，一生无病中吾忧。"真确论也。

今译　即便是匹性情凶悍骠烈的骏马，

训练好之后仍然可以奔驰万里；

而在熔化时迸出了熔炉的金属，

最后还是被注入模型变成器具。

一个人有什么缺失并不很可怕，

怕的是贪图吃喝玩乐一事无成，

而让精神陷于萎靡困顿的状态，

这样一辈子也不会有什么出息。

所以明代的陈献章说：

"做人有了过失并没有什么可耻，

一生平庸无过的人才最可担忧。"

这真是一句至理名言。

注释　[1] 泛驾之马：性情凶悍不易驯服控御的马。喻不受拘束的豪杰。

[2] 跃冶之金：熔化金属往模型里灌注时，金属有时会突然爆出模型外面。这就是跃冶之金。喻不守本分而自命不凡的人。型范：铸造时用的模具。

[3] 白沙：明代学者陈献章。广东新会人，字公甫。隐
　　居白沙里，世称白沙先生。有"活孟子"之称。

只一念贪私　坏一生人品

人只一念贪私[1]，便销刚为柔、塞智为昏、变恩
为惨[2]、染洁为污，坏了一生人品。故古人以不贪为
宝，所以度越一世。

今译　　人只要闪现出贪婪或自私的念头，
　　　　原本刚直的性格就会变得很懦弱，
　　　　原本聪明的性格就会变得很昏庸，
　　　　原本慈悲的心肠就会变得很冷酷，
　　　　原本纯洁的人品就会变得很污浊，
　　　　这等于是葬送了他一辈子的品德。
　　　　所以道德修养高深的古贤人主张，
　　　　应把不贪二字作为修身养性之宝，
　　　　只有靠它才能超越物欲地过一生。

注释　　[1] 一念：刹那间所起的意念。《二程遗书》："一念之
　　　　　　欲不能制，而祸流于滔天。"
　　　　[2] 恩：恩爱。惨：狠毒。

主人常惺惺　六贼化家人

耳目见闻为外贼[1]，情欲意识为内贼。只是主人翁惺惺不昧[2]，独坐中堂[3]，贼便化为家人矣！

今译　每个人都喜欢看美丽的颜色，
每个人都喜欢听悦耳的声音，
而这些诱惑都是外来的贼人；
每个人都有痴迷冲动的激情，
每个人都有难以满足的欲望，
而这些情识都是内在的贼人。
但不管它们是内贼还是外贼，
只要灵觉的心时时保持清醒，
使每天所做的事都合乎本心，
所有的贼人都会转变成家人，
各种烦恼就会化作纯真佛性。

注释　[1] 外贼：来自外部的侵害。佛家认为色声香味触法六尘，都是以眼等六根为媒介劫持一切善法，所以用贼来代表六尘。

[2] 惺惺：警觉清醒。不昧：不昏聩不糊涂。

[3] 中堂：中厅。

保已成之业　防将来之非

图未就之功，不如保已成之业；悔既往之失，不如防将来之非[1]。

今译　与其谋划没有把握完成的功业，
还不如维持好已经完成的事业；
与其白白地懊悔以前犯的过失，
还不如预防未来可能犯的错误。

注释　[1]"悔既往"二句：《论语·微子》记楚狂接舆歌："凤兮凤兮，何德之衰。往者不可谏，来者犹可追。"

气象心思　趣味操守

气象要高旷[1]，而不可疏狂[2]；心思要缜密，而不可琐屑；趣味要冲淡[3]，而不可偏枯；操守要严明，而不可激烈。

今译　气度要高瞻远瞩豪迈不羁，
却不可以流于粗野的狂放；

思想要细致精当绵密周详，

却不可以流于琐碎的繁杂；

情趣要冲和淡泊超凡脱俗，

却不可以流于枯躁与单调；

操守要光明磊落堂堂正正，

却不可以流于偏激与狭隘。

注释　　[1] 气象：气度，气概。

[2] 疏狂：豪放而不拘束。此处引申为自大的意思。

[3] 趣味：情趣，旨趣，兴趣。冲淡：冲和淡泊。

🎵 事来心始现　事去心随空

风来疏竹，风过而竹不留声；雁渡寒潭，雁去而
潭不留影。故君子事来而心始现，事去而心随空。

今译　　当轻风拂过稀疏的竹林时，

竹林就发出了沙沙的响声，

风过后竹林并没留下风声；

当大雁飞过寒冷的潭水时，

寒潭就倒映着大雁的身影，

雁过后潭面并没留下雁影。

所以君子在事情来的时候，

　　他对事情会有自然的反应；

　　而当一件事过去了的时候，

　　心境就恢复了原本的空明。

清仁明直　才是懿德

　　清能有容，仁能善断，明不伤察，直不过矫，是谓蜜饯不甜，海味不咸，才是懿德。

> **今译**　清廉高洁而又有能包容一切的雅量，
>
> 　　心地仁慈而又有能善于决断的智慧，
>
> 　　明察秋毫而又有不刻薄苛求的气度，
>
> 　　性情耿直而又有不矫枉过正的胸襟，
>
> 　　这就像蜜饯虽由糖制成却不过分甜，
>
> 　　海水虽咸却不过分而能让鱼虾生存。
>
> 　　一个人只要能掌握好这种中庸尺度，
>
> 　　就是具备了为人处世的美好的品德。

君子穷且益坚　自是风雅气度

　　贫家净扫地，贫女净梳头，景色虽不艳丽，气度自是风雅。士君子一当寥落[1]，奈何辄自废弛哉！

> **今译**　贫穷的家庭仍把地扫得干干净净，
> 　　　　贫家的女子仍把头梳得整整齐齐。
> 　　　　陈设和装饰虽然算不上光鲜亮丽，
> 　　　　但是却能够显示高雅脱俗的风范。
> 　　　　因此君子一旦处于穷愁潦倒之时，
> 　　　　怎么可能会荒废松懈而自暴自弃。

> **注释**　[1] 寥落：寂寞不得志。

闲不放　静不空　暗不欺

　　闲中不放过，忙处有受用；静中不落空，动处有受用；暗中不欺隐，明处有受用。

> **今译**　在闲暇的时候珍惜宝贵时光，
> 　　　　繁忙的时候就能够得到受用；
> 　　　　在平静的时候不要心灵空虚，
> 　　　　喧闹的时候就能够应付自如。
> 　　　　当你独坐在人看不见的地方，
> 　　　　既没有什么邪念更不做坏事，

那么在光天化日大庭广众前，

你就能心安理得地受到尊敬。

一起便觉 一觉便转

念头起处，才觉向欲路上去，便挽从理路上来。一起便觉，一觉便转，此是转祸为福，起死回生的关头，切莫轻易放过。

今译　当邪妄的念头在你的心头一闪而过时，

你如果发觉它有走向物欲方向的可能，

就要立刻用理智把它拉回到正路上去。

只要坏的念头一产生就要立刻有警觉，

当有所警觉时要立刻想方设法来挽救。

这才是转祸为福起死回生的重要关头，

所以你切不可放过邪念产生的一刹那。

观心证道

静中念虑澄澈，见心之真体；闲中气象从容，识心之真机；淡中意趣冲夷[1]，得心之真味。观心证道，无如此三者。

今译 在宁静中心境才会像秋水般清澈，

这时候才能发现心中真正的本源；

在闲暇中气象才会像白云般悠暇，

这时候才能发现心中真正的玄机；

在淡泊中意趣才会像湖水般平静，

这时候才能发现心中真正的趣味。

反省内心来体验证悟无上的大道，

再也没有比这三种情况更好的了。

注释 [1] 冲夷：淡泊平和。

动中静是真静　苦中乐是真乐

静中静非真静，动处静得来，才是性天之真境[1]；乐处乐非真乐，苦中乐得来，才是心体之真机。

今译 在万籁俱寂中得到的宁静不是真静，

只有在喧闹中仍然保持平静的心境，

才算是合乎人类本性的真正的宁静；

在得意热闹中得到的快乐不是真乐，

只有在艰苦中仍然保持乐观的情趣，

才算是合乎人类本性的真正的乐趣。

注释　　［1］性天：天性。语出《礼记·中庸》："天命之谓性。"

　　　　意为人性是由天所赋予的。

舍己毋处疑　施恩毋求报

舍己毋处其疑[1]，处其疑，即所舍之志多愧矣；

施人毋责其报，责其报，并所施之心俱非矣。

今译　　如果一个人准备作出自我奉献，

就不应有计较利害得失的观念。

因为它会使你对奉献犹疑不决，

从而使你的奉献精神蒙上羞愧；

假如一个人准备施恩惠给他人，

就绝对不要希求得到他人回报。

假如你一定要求对方感恩图报，

那么连你施恩的好心也会变质。

注释　　［1］毋处其疑：不要存犹疑不决之心。

厚德　逸心　亨道

　天薄我以福，我厚吾德以迓之；天劳我以形，吾逸吾心以补之；天厄我以遇，吾亨吾道以通之。天且奈我何哉！

今译　　上天让我福分稀少，我就积累德行来耕种福田；

上天使我身体劳累，我就内心闲逸来加以补偿；

上天使我遭遇厄运，我就修养大道来使它通达。

有了这般乐观旷达的态度，

你老天爷又能把我怎么样！

贞士无心而得福　险人着意却蒙祸

　贞士无心徼福[1]，天即就无心处牖其衷[2]；险人着意避祸[3]，天即就着意处夺其魄。可见天之机权最神[4]，人之智巧何益？

今译　　坚守志节的有高深修养的君子，

虽然他无意于追求自己的福分，

可是上天却偏偏在他无意之间，

导引他完成衷心想完成的事业；

行为邪恶而有阴险居心的小人，

虽然他用尽了心机来逃避灾祸，

可是上天偏偏在他着意避祸时，

来夺走他的魂魄使他蒙受灾祸。

可见上天对于魔力的操纵运用，

真可以说是神妙无比极具玄机。

人类卑微渺小平凡无奇的智巧，

在伟大的造物面前是多么可怜！

注释　　[1] 贞士：志节坚定的人。

[2] 牖（yǒu）：诱导、启发。

[3] 险人：行为不正的小人。

[4] 机权：机智权谋。

声妓从良品无碍　贞妇失守晚节非

声妓晚景从良[1]，一世之烟花无碍[2]；贞妇白头失守，半生之清苦俱非。语云："看人只看后半截。"真名言也。

今译　　歌儿舞女等整天活跃在欢场中的风尘女子，

虽然前半生以出卖自己美丽的色相为职业，

但如果晚年能择人而嫁成为一名良家妇女，
那么她的经历并不会对正常生活构成妨害；
可是假如有一位恪守贞节操守的节烈女子，
虽然前半生心如古井过着清贫寂寞的生活，
如果到了晚年耐不住寂寞空虚而失身的话，
那么她前半生守寡所受的痛苦都付诸东流。
有一句谚语这样说道："看人只看后半截。"
评价一个人的功过得失，要看他的后半生。
这真是一句至理名言。

注释　[1] 声妓：古代宫廷和贵族家中的歌舞妓。此指一般妓
　　　　女。古时妓女隶属乐籍，被人视为贱业。脱离乐籍
　　　　嫁人，就算是从良。
　　　[2] 烟花：指卖笑生涯。

无位公卿　有爵乞人

　　平民肯种德施恩[1]，便是无位的公卿；士夫徒贪
权市宠[2]，竟成有爵的乞人[3]。

今译　平民百姓只要能够多做善事帮助他人，
　　　　就是没有实际官位而恩泽普施的公卿；
　　　　达官贵人贪恋权势利用官职邀求宠幸，

他的行径就像个有官位的乞丐般可怜。

注释　　[1] 种德: 行善积德。

[2] 士夫: 士大夫，官吏。贪权: 贪婪权势。市宠: 博
取别人的喜爱或恩宠。

[3] 有爵的乞人: 有官爵的乞丐。

念积累之难　思倾覆之易

问祖宗之德泽，吾身所享者是，当念其积累之难；
问子孙之福祉[1]，吾身所贻者是，要思其倾覆之易。

今译　　假如要问祖先留下了什么恩德，
那就是我们现在所享受的生活。
这些生活就是祖先留传的恩德，
应当感念祖先积累它们的艰难。
假如要问子孙的将来是否幸福，
就要看给子孙留下德泽有多少。
要是我们留给子孙的德泽稀薄，
子孙就难以守成而使家道衰落。

注释　　[1] 福祉: 幸福，福利。

❦ 君子切勿诈善改节

君子而诈善^[1]，无异小人之肆恶^[2]；君子而改节^[3]，不及小人之自新。

今译　君子如果以欺诈行为博取善名，

他的行为就像作恶多端的小人。

君子改变了志节操守同流合污，

那还不如一个改过自新的小人。

注释　[1] 诈善：虚伪的善行。

[2] 肆恶：恣意作恶。

[3] 改节：改变志向。

❦ 家人有过　和气消冰

家人有过，不宜暴怒，不宜轻弃。此事难言，借他事隐讽之^[1]；今日不悟，俟来日再警之。如春风解冻，如和气消冰，才是家庭的型范。

今译　如果家里的人犯了过失，要用正确的态度来对待。

不可以大发脾气来对待，更不能漠然置之不管他。

如果这件事不好直接说，就要借别的事情来暗示；

如果他今天明白不过来，就要等日后再加以劝告。

循循而诱像和暖的春风，去消融他头上里的寒冷；

温馨亲切像和暖的气流，去化解他头上里的冰块。

这样的家庭充满着和气，才算是家庭相处的典范。

注释　[1] 隐讽：借用其他事物来婉转劝人改过。

常看圆满　常放宽平

此心常看得圆满，天下自无缺陷之世界；此心常放得宽平，天下自无险侧之人情[1]。

今译　只要我们经常保持着一种乐观完满的心境，

这世界就会显得非常美好而没有任何缺憾；

只要我们经常保持着一种宽容大度的襟怀，

这人间就会显得非常安全而没有任何阴险。

注释　[1] 险侧：邪恶不正。

操履不可变　锋芒不可露

　　澹泊之士，必为浓艳者所疑[1]；检饰之人，多为放肆者所忌。君子处此，固不可少变其操履[2]，亦不可露其锋芒！

今译　恬静而寡欲的人，必定为热衷名利的人所怀疑；
　　　　谨慎而检点的人，必定被行为放肆的人所忌恨。
　　　　所以如果一个有才学而又有修养的君子，
　　　　处在既被猜疑又遭忌恨的恶劣环境中，
　　　　固然不可以稍微改变自己的操守和志向，
　　　　也绝不能过分表露自己的才华锋芒毕露。

注释　[1] 浓艳者：指身处富贵荣华权势名利之中的小人。
　　　　[2] 操履：操守。

逆境锻炼品行　顺境销磨斗志

　　居逆境中，周身皆针砭药石[1]，砥节砺行而不觉[2]；处顺境中，眼前尽兵刃戈矛，销膏靡骨而不知[3]。

今译　　一个人如果生活在艰难困苦的环境中，

接触到的全都是能够疗治病痛的东西，

在不知不觉中会把你的一切毛病治好；

一个人如果生活在优裕丰厚的环境中，

所能见到的全是像刀枪戈矛般的利器，

在不知不觉中会把你的身心彻底摧残。

注释　　[1] 针砭药石：比喻砥砺人品德气节的良方。针砭，古

时用砭石制成的来治病的石针。药石，药剂和砭

石，泛称治病用的药物。

[2] 砥节砺行：指磨练气节品行。粗磨刀石为砥，细磨

刀石为砺。

[3] 销膏靡骨：融化脂肪，腐蚀骨头。

嗜欲如猛火　权势似烈焰

生长富贵家中，嗜欲如猛火[1]，权势似烈炎。若
不带些清冷气味，其火焰不至焚人，必将自烁矣。

今译　　生长在富豪权贵大家族中的人，

不良的嗜好欲望如猛火般炽烈，

显赫的权势地位如烈焰般灼人。

如果不加节制反省而毫无收敛，

强烈的火焰即使不让他人受伤，

也一定会从内心把他自己焚毁。

注释　[1] 嗜欲：嗜好与欲望，多指贪图酒色财气等身体感官
　　　　方面的欲望。

❧ 精诚所至　金石可镂

人心一真，便霜可飞[1]，城可陨，金石可镂[2]；
若伪妄之人[3]，形骸徒具，真宰已亡[4]，对人则面目
可憎，独居则形影自愧。

今译　一个人的情志如果达到了至诚的地步，

就可感动上天将不可能也变成了可能。

邹衍蒙冤上天竟在盛夏降霜打抱不平，

杞梁的妻子悲念丈夫竟然哭倒了城墙。

甚至就连最坚固的金银玉石之类东西，

也仍然被真诚的精神力量所雕凿贯穿。

一个人的念头如果只是一味虚伪邪恶，

那他只不过是白白地披着张人皮而已。

其实他的灵魂早已经被情欲魔鬼收买，

并且因为心术不正也会遭到他人厌恶。

而且在他坏事干尽后独自一人回想时，

也会良心发现对着影子感到羞耻惭愧。

注释　[1] 霜可飞：喻人的精诚可感动上天，变不可能为可能，在炎热夏天降下冰霜。传说邹衍蒙受不白之冤，仰天哭泣，上天在五月为他降霜。

[2] 金石可镂：《荀子·劝学》："锲而不舍，金石可镂。"

[3] 伪妄：虚伪，不真实，心怀鬼胎。

[4] 真宰：指自然之性，人的灵魂。

文章极处只恰好　人品极处只本然

　文章作到极处，无有他奇，只是恰好；人品作到极处，无有他异，只是本然。

今译　文章写到登峰造极的境界时，
并没有什么特别奇妙的地方，
只是表情达意写得恰到好处；
修养达到炉火纯青的境界时，
和普通的人并没有什么不同，
只是回归到纯真善良的本性。

看得破　认得真

　　以幻境言，无论功名富贵，即肢体亦属委形[1]；以真境言[2]，无论父母兄弟，即万物皆吾一体[3]。人能看得破认得真，才可以任天下之负担，亦可脱世间之缰锁。

今译　如果从一切皆虚幻的立场来看，
　　　权势也好财富也罢都变幻无常，
　　　甚至于再加上自己的四肢躯体，
　　　也都是上天暂时赐给你的形象；
　　　如果从一切皆真实的角度来说，
　　　父母也好兄弟也罢都与我一体，
　　　甚至于连同天地间的万事万物，
　　　也都成为我生命中的重要部分。
　　　一个人谁看得透这世界的虚幻，
　　　同时又能对天地万物都很认真，
　　　就可以担负起经世治国的重任，
　　　也可以摆脱掉功名利禄的束缚。

注释　[1] 委形：上天赋予我们的形体。《庄子·齐物论》：
　　　　"舜曰：吾身非吾有，孰有之哉？曰：是天地之委形
　　　　也。"委，赋予。
　　　[2] 真境：超物质的形而上的境界。

[3] 万物皆吾一体：《庄子·齐物论》："天地与我并生，万物与我为一。"

凡事有节制　五分便无忧

爽口之味，皆烂肠腐骨之药，五分便无殃；快心之事，悉败身丧德之媒，五分便无悔。

今译　吃起来甘爽可口的美味佳肴，
事实上都是烂肠腐骨的毒药。
所以即使遇上了大吃的机会，
只吃个半饱就不会有何妨碍。
令人称心如意手舞足蹈的事，
事实上都是身败名裂的媒介。
所以绝对不能凭着冲动来做，
只享受五分就不会招致后悔。

持身不可轻　用心不可重

士君子持身不可轻[1]，轻则物能挠我[2]，而无悠闲镇定之趣；用意不可重，重则我为物泥，而无潇洒活泼之机。

今译　一个道德修养非常纯熟的君子，
　　　在待人接物时不可以轻率躁进，
　　　轻率躁进就容易受到外物困扰，
　　　就会完全丧失悠闲宁静的意趣。
　　　一个道德修养非常纯熟的君子，
　　　在处理事情时不要有太多执着，
　　　过于执着就会被事情困扰束缚，
　　　就会丧失潇洒超然的蓬勃生机。

注释　[1] 持身：做人的态度、原则。轻：轻浮、急躁。
　　　[2] 挠：困扰。

知有生之乐　怀虚生之忧

　　天地有万古，此身不再得；人生只百年，此日最易过。幸生其间者，不可不知有生之乐，亦不可不怀虚生之忧[1]。

今译　天地的寿命万古长青，可人的生命只有一次，
　　　死了之后就不再复活；一个人最多活到百岁，
　　　可是百年跟天地相比，只不过是短暂的一刻。

作为万物之灵的人类，有幸生存在天地之间，
既不可丧失生的乐趣，也不可浪费一世光阴。

注释　　[1] 虚生：虚度一生无所作为。

德怨两忘　恩仇俱泯

怨因德彰，故使人德我[1]，不若德怨之两忘；仇
因恩立，故使人知恩，不若恩仇之俱泯。

今译　　一切怨恨都由于善行而更加明显，
　　　　所以与其行善来博得别人的赞美，
　　　　不如既不让人赞美也不让人埋怨；
　　　　一切仇恨都由于恩惠而得以产生，
　　　　所以与其施恩来获得别人的报偿，
　　　　还不如将恩惠与仇恨都加以泯灭。

注释　　[1] 德我：对我感恩怀德。

老来疾病壮时招　衰后罪孽盛时造

老来疾病，都是壮时招的；衰后罪孽，都是盛时造的。故持盈履满，君子尤兢兢焉。

今译　一个人到了晚年百病缠身，

那是年轻时糟蹋身体所致；

一个人失意之后罪孽缠身，

那是得志时不加节制所造。

因此君子即便仕途生活皆圆满，

仍然应该战战兢兢地为人处世。

结新不如敦旧　立名不如种德

市私恩[1]，不如扶公议[2]；结新知，不如敦旧好；立荣名，不如种隐德；尚奇节，不如谨庸行。

今译　与其出于一己私心施恩惠给别人，

不如光明正大地争取大众的舆论；

与其去结交各色各样的新的朋友，

不如加深与老朋友之间的旧交情；

与其沽名钓誉地为自己制造荣誉，

不如悄悄地在暗中积累一些阴德；

与其标新立异地宣传自己的奇节，

不如谨慎地做些平凡无奇的事情。

注释　　[1] 市：买卖。市私恩指收买人心。

　　　　[2] 扶公议：以光明正大的行为争取社会声誉。扶，扶
　　　　　　持。公议，社会舆论。

公道正论不可犯　权门私窦不可染

公道正论不可犯手[1]，一犯则贻羞万世；权门私
窦不可着脚[2]，一着则玷污终身[3]。

今译　　凡是社会公认的规范绝对不可触犯，

　　　　一旦不小心触犯了你就会遗臭万年；

　　　　凡是权贵营私的地方绝对不可钻营，

　　　　万一不小心走进去你就会耻辱终身。

注释　　[1] 犯手：触犯，违犯。

　　　　[2] 私窦：私门。窦指壁间的小门。着脚：踏进去。

　　　　[3] 玷污：指美誉受污损。

直躬何妨他人忌　无恶何惧小人谤

　　曲意而使人喜，不若直躬而使人忌[1]；无善而致人誉，不若无恶而致人毁。

今译　　与其痛苦地违背自己的意愿，
　　　　而千方百计博取他人的欢心，
　　　　还不如因为光明磊落的言行，
　　　　而遭受小人咬牙切齿的忌恨；
　　　　与其碌碌无为没有丝毫善行，
　　　　而无缘无故得到他人的赞美，
　　　　还不如由于没有恶劣的行迹，
　　　　而遭受小人阴险毒辣的毁谤。

注释　　[1] 直躬：刚正不阿的行为。

从容处家族之变　剀切规朋友之失

　　处父兄骨肉之变，宜从容不宜激烈；遇朋友交游之失，宜剀切不宜优游[1]。

今译　当碰上家庭纠纷，应该保持从容沉着。

绝对不可感情用事，言行激烈把事情弄得更糟。

当碰上朋友犯错误，应该诚恳规劝。

绝对不可因害怕得罪他，而看着他继续错下去。

注释　[1] 削切：恳切规谏。优游：优容，宽待。

小处不漏　暗处不欺　末路不怠

小处不渗漏，暗处不欺隐，末路不怠荒，才是个真正英雄。

今译　为人处事处处都小心谨慎，

细微的地方也不粗心大意；

即使是在没人看见的地方，

也绝不做见不得人的坏事；

即使是在穷困潦倒的时候，

也绝不会懈怠而自暴自弃。

这种严于自律修为好的人，

才是真正有为的英雄汉子。

千金难结一时欢　一饭竟致终生感

千金难结一时之欢，一饭竟致终生之感。盖爱重反为仇，薄极翻成喜也。

今译　价值千金的重赏或恩惠，难使对方与你短期交好；

你给他一顿饭的小恩惠，竟获得终生感激和回报。

这是因为在恩爱极重的人之间，

恩情稍微寡淡就容易反目成仇；

而在平日情谊非常寡淡的世上，

稍微感受温暖反而会欢喜无限。

藏巧于拙　以屈为伸

藏巧于拙，用晦而明，寓清于浊，以屈为伸，真涉世之一壶，藏身之三窟也[1]。

今译　宁可显得笨拙而不显得聪明，

宁可收藏内敛而不锋芒毕露，

宁可平易随和而不自命清高，

宁可退让委曲而不钻营图进：

这才是立身处世的最妙法术，

这才是明哲保身的狡兔三窟。

注释　[1] 三窟：三个洞穴。《战国策·齐策四》："冯谖曰：
狡兔有三窟，谨得免其死耳。今君有一窟，未得高
枕而卧也。请为君复凿二窟。"后以狡兔三窟比喻
多种图安避祸的方法。

盛极必衰　否极泰来

衰飒的景象[1]，就在盛满中，发生的机缄[2]，即
在零落内。故君子居安且操一心以虑患，处变当坚百
忍以图成[3]。

今译　颓废失落的景象，就在你得意之时；

发迹成功的气数，就在你衰败之间。

所以有才学有修养的君子，

置身春风得意稳固地位时，

要留心防范将发生的灾祸；

而当置身于动乱灾祸之中，

则要坚韧不拔地继续奋斗，

以便取得事业的最后成功。

注释　[1] 衰飒：指境遇衰败没落。

[2] 发生：发迹，交好运。

[3] 百忍：喻极大的忍耐力。

情欲关头转念　邪魔可化真君

当怒火欲水正腾沸处，明明知得，又明明犯着。知的是谁，犯的又是谁？此处能猛然转念，邪魔便为真君矣[1]。

今译　当愤怒像烈火般上升，当欲念如开水般翻滚，

虽然明知它绝对错误，又眼睁睁地不加控制。

知道这种道理的是谁，明知故犯的又是何人？

假如在这个紧要关头，能够猛然地转换心念，

那么即使是邪魔恶鬼，也会化成纯正的佛心。

注释　[1] 邪魔：指欲念。真君：指主宰万物的上帝。

毋偏信自任　毋扬己忌人

毋偏信而为奸所欺，毋自任而为气所使[1]；毋以

己之长而形人之短[2]，毋因己之拙而忌人之能。

今译　　不要去误信片面之词，以免被奸诈之徒所欺；

也不要自以为很正确，而被一时的意气驱使。

不要依恃自己的长处，大肆彰显人家的短处；

不要由于自己的笨拙，而去嫉妒他人的才能。

注释　　[1] 自任：自信、自负、刚愎自用。

[2] 形：对比。

莫以短攻短　莫以顽济顽

人之短处，要曲为弥缝[1]。如暴而扬之，是以短攻短。人有顽固，要善为化诲。如忿而疾之，是以顽济顽[2]。

今译　　当我们发现别人有了缺点时，

要婉转地为他掩饰或规劝他。

如果将这缺点揭发宣扬开来，

只不过证明自己的狭隘缺德。

当我们发现别人愚蠢固执时，

要耐心地对他诱导或启发他。

假如只知道生气并且厌恶他，

这就无异于用固执强化固执。

注释　　[1]曲：曲折，宛转，含蓄。弥缝：修补，掩饰。
　　　　[2]济：救助。

莫输心　须防口

遇沉沉不语之士[1]，且莫输心[2]；见悻悻自好之
人[3]，应须防口。

今译　　遇到心事沉重一言不发的人，
　　　　千万不要随便和他交心谈心；
　　　　遇到傲慢自大刚愎自用的人，
　　　　和他说话时一定要小心谨慎。

注释　　[1]沉沉：形容心事沉重。
　　　　[2]输心：推心置腹表真情。
　　　　[3]悻悻：刚愎傲慢。

阴晴圆缺变有则　喜怒哀乐不干怀

霁日青天[1]，倏变为迅雷震电；疾风怒雨，倏转为朗月晴空。气机可当一毫凝滞[2]？太虚可当一毫障塞[3]？人之心体，亦当如是。

今译　晴空万里，艳阳高照，会突然乌云密布雷电交加；
风吼雷鸣，大雨倾盆，会突然皎月当空万里无云。
能主宰气候变化的大自然，
一时一刻也不会停止运行。
而那星月交辉的广漠天空，
也从来没有丝毫障碍塞堵。
人类的心体也当效法自然，
不受喜怒哀乐情绪的制约。

注释　[1] 霁（jì）：雨后转晴。
[2] 气机：气机喻主宰气候变化的大自然。气，构成天地万物的本原物质。机，使气候变化的本原力量。
[3] 太虚：广漠无际的天空。

觉人诈不形于言　受人侮不动于色

　　觉人之诈不形于言[1]，受人之侮不动于色，此中有无穷意味，亦有无穷受用。

　　今译　当发觉自己被人欺骗时，不要立刻就把它说出来；
　　　　　当发觉自己被人侮辱时，也不要立刻就怒形于色。
　　　　　这种能吃亏忍辱的胸襟，只要我们一旦修养成熟，
　　　　　在生活中就有无穷妙处，对前途事业也受用不尽。

　　注释　[1] 形：表露。

横逆困穷　锻炼豪杰

　　横逆困穷[1]，是锻炼豪杰的一副炉锤，能受其锻炼则身心交益，不受其锻炼则身心交损。

　　今译　人间一切的飞来横祸困穷处境，
　　　　　是锻炼英雄豪杰的烘炉和铁锤。
　　　　　只要能够承受住这种严峻考验，
　　　　　你的肉体与精神都会大有好处。

而如果经受不起这种严峻考验，
你的肉体和精神就会受到摧毁。

注释　　[1] 横逆：不顺心的事。

人身小天地　天地大父母

　　吾身一小天地也，使喜怒不愆[1]，好恶有则，便
是燮理的功夫[2]；天地一大父母也，使民无怨咨[3]，
物无氛疹[4]，亦是敦睦的气象[5]。

今译　　人的身体就等于是一个小小的世界，
　　　　不论高兴与愤怒都不可以逾越规矩。
　　　　对所喜好和厌恶的要遵循一定标准，
　　　　这就是做人的一种谐和调理的功夫。
　　　　大自然是整个人类万物的共同父母，
　　　　养育万物让每个人都没有牢骚怨尤。
　　　　还要保证事物无灾无害地顺利成长，
　　　　就能够呈现出一片祥和太平的景象。

注释　　[1] 愆（qiān）：违背，违失。
　　　　[2] 燮（xiè）理：协和，调理。
　　　　[3] 怨咨：怨恨，叹息。

［4］氛：古时指预示吉凶的云气，多指凶象之气。疢

（chèn）：用"疢"，恶病。

［5］敦睦：亲厚和睦。

不可疏于虑　不必伤于察

"害人之心不可有，防人之心不可无。"此戒疏于虑也。"宁受人之欺，毋逆人之诈。"[1]此警伤于察也[2]。二语并存，精明而浑厚矣。

今译　"害人的心思不可有，防人的心思不可没有。"

这是用来告诫与人交往时思虑不周的人。

"宁可忍受他人欺骗，也不愿事先拆穿骗局。"

这是用来警示与人交往时敏感苛求的人。

假如一个人和人相处时能牢记上面两段话，

就修炼成警觉性高又不失宽厚的待人之道。

注释　［1］逆：预先推测。

　　　　［2］察：苛察，苛求。

亲善人不宜预扬　去恶人不宜先发

善人未能急亲，不宜预扬，恐来谗谮之奸；恶人未能轻去，不宜轻发，恐遭媒孽之祸[1]。

今译　　要想结交一个善良的人，不必太着急去跟他接近，
　　　　也不必在事先来赞扬他。要避免引起坏人的嫉妒，
　　　　而在背地里说他的坏话；要想摆脱一个险恶的人，
　　　　不可轻率地把他打发走，尤其不可以让他先知道。
　　　　要避免遭到恶人的报复，而蒙上被陷害之类灾祸。

注释　　[1] 媒孽（niè）：酒母，借故陷害人而酿成其罪。

节义出困苦　经纶出谨慎

青天白日的节义[1]，自暗室漏屋中培来；旋乾转坤的经纶[2]，自临深履薄处缲出[3]。

今译　　光明磊落如青天白日的人格节操，
　　　　是从艰苦贫困的环境中磨练出来；
　　　　可以用来治国平天下的雄才大略，

是从小心谨慎的经历里磨练出来。

注释　[1] 节义：节操义行。指人格。

[2] 经纶：经邦治国的抱负和韬略。

[3] 临深履薄：指面临深渊、脚踏薄冰。比喻谨慎戒
　　惧。语出《诗经·小雅·小旻》："战战兢兢，如
　　临深渊，如履薄冰。"缲（sāo）：抽丝。此作整理、
　　领悟解。

伦常本天性　不乍恩与德

父慈子孝，兄友弟恭，纵作到极处，俱是合当如此，着不得一毫感激的念头。如施者任德[1]，受者怀恩，便是路人，便成市道矣[2]。

今译　父母对子女慈祥，子女对父母孝顺，

　　兄姐对弟妹呵护，弟妹对兄姐尊敬，

　　即使拿出最大爱心，做到了最完美境界，

　　也都是骨肉至亲间，最理所当然的事情，

　　彼此之间绝对不必，有感恩戴德的想法。

　　如果施与者有施恩之心，接受者怀图报之意，

　　那么，骨肉变成了形同陌路的生人；

　　而且把骨肉的至情，变成了追逐利益的交易。

注释　[1] 任德：以施惠于人而自任，受人感激。

　　　　[2] 市道：商贾逐利之道。

不夸妍　不好洁

　　有妍必有丑为之对，我不夸妍，谁能丑我[1]？有洁必有污为之仇，我不好洁，谁能污我？

今译　有美好的就有丑陋的来作对比，

　　　　假如我不自我吹嘘说自己美好，

　　　　又有谁无缘无故诽谤我丑陋呢？

　　　　有洁净的就有肮脏的来作对比，

　　　　假如我不宣扬自己如何的干净，

　　　　又有谁会盯住我讥讽我肮脏呢？

注释　[1] 丑我：使我丑陋。

富贵多炎凉　骨肉莫妒忌

　　炎凉之态，富贵更甚于贫贱；妒忌之心，骨肉尤狠于外人。此处若不当以冷肠，御以平气，鲜不日坐烦恼障中矣[1]。

今译　　人情冷暖，富人比穷人更厉害；

嫉妒猜疑，兄弟比外人更狠毒。

此时若不用冷静之心、平和之气来应对，

岂不是要天天坐在烦恼障中，怨念丛生。

注释　　[1] 烦恼障：佛家语。贪、嗔、痴等都能扰乱人的情绪

而生烦恼，都是涅槃之障，故名烦恼障。

功过不可少混　恩仇不可过明

功过不容少混，混则人怀惰隳之心[1]；恩仇不可过明，明则人起携贰之志[2]。

今译　　对于他人的功劳和过失，不可以有一点模糊不清。

如果有了一点模糊不清，会使人心灰意懒而怠工；

对恩惠德泽和责难批评，不可以表现得过于鲜明。

如果你表现得过于鲜明，会使人怀有二心而叛逆。

注释　　[1] 惰隳（huī）：疏懒堕落，灰心丧气。隳，懈怠。

[2] 携贰：离心，有二心。

爵位、能事、行谊皆有度 ⟲

　　爵位不宜太盛，太盛则危；能事不宜尽毕，尽毕则衰；行谊不宜过高[1]，过高则谤兴而毁来[2]。

今译　一个人的官衔俸禄不可以过于显赫，
　　　　过于显赫就会使自己处于危险境地；
　　　　一个人的才能本事不可以全部发挥，
　　　　全部发挥就会江郎才尽而事业衰退。
　　　　一个人的道德品行不可以太过高洁，
　　　　太过高洁就会招致恶意的诽谤中伤。

注释　[1] 行谊：品行，道义。
　　　　[2] 谤兴而毁来：唐韩愈《原毁》："事修而谤兴，德高
　　　　　　而毁来。"

阴恶祸深　阳善功浅 ⟲

　　恶忌阴，善忌阳，故恶之显者祸浅，而隐者祸深；善之显者功小，而隐者功大。

今译　做坏事最怕的是拼命地遮捂掩盖，

做好事最忌的是使劲地到处宣扬。
所以显而易见的坏事灾祸还算小，
而不为人知的坏事造成的灾祸大。
做了好事自己到处宣扬功德就小，
不为人知默默地行善功德才会大。

❧ 德者才之主

德者才之主，才者德之奴。有才无德，如家无主
而奴用事矣，几何不魍魉猖狂[1]。

今译 品德是才学的主人，才学是品德的奴隶。
只有才学而无品德，等于家里没有主人，
而由奴仆来掌家政。出现了这样的情况，
哪有不使家庭遭祸，妖魔鬼怪横行的呢？

注释 [1]魍魉（wǎng liǎng）：古代传说中的山精怪，鬼怪。

❧ 放人一条生路

锄奸杜倖[1]，要放他一条去路。若使之一无所容，

譬如塞鼠穴者，一切去路都塞尽，则一切好物俱咬
破矣。

今译　　铲除奸邪险恶或投机取巧的小人，
　　　　也应适可而止，给他们留一条自新的途径。
　　　　如果逼得他们走上绝路，如同为了消灭一只老鼠，
　　　　把所有老鼠洞都堵死，以致好东西全被老鼠咬坏。

注释　　[1] 倖：指受帝王亲近宠爱的佞人。

同功相忌　共乐相仇

当与人同过，不当与人同功，同功则相忌；可与
人共患难，不可与人共安乐，安乐则相仇。

今译　　应当与人一起承担过失，不可与人一起领受功劳，
　　　　共担过失就会同舟共济，共领功劳就会彼此猜疑。
　　　　可以与人一起经历患难，不可与人一起分享安乐，
　　　　共历患难就会互相帮助，共享安乐就会互相仇视。

言语救人　功德无量

士君子贫不能济物，遇人痴迷处，出一言提醒之；遇人急难处，出一言解救之，亦是无量功德。

今译　士君子即使由于贫穷在物质上不能周济别人，

遇到别人执迷不悟时，说句话让他清醒过来；

遇到别人危急麻烦时，说句话帮他摆脱困境，

这也是恪守本分、急人危难、功德无量的事情。

人情通患

饥则附，饱则扬[1]；燠则趋[2]，寒则弃。人情通患也。

今译　穷困潦倒时就投靠人家，吃饱喝足了就远走高飞；

当人有钱时就跑去巴结，当人贫穷时就弃置不顾。

这令人作呕的卑污行为，正是世人容易犯的毛病！

注释　[1] 扬：飞翔。《三国志·魏书·吕布传》：“譬如养鹰，

饥则为用，饱则扬去。”《晋书·慕容垂载记》：

“垂犹鹰也，饥则附人，饱则高翔，遇风尘之会，

必有陵霄之志。"

[2] 燠（yù）：温暖。此指富贵。

净试冷眼　勿动刚肠

君子宜净拭冷眼[1]，慎毋轻动刚肠[2]。

今译　君子不论遇到什么情况都要保持冷静客观，
切忌不要轻易表现出耿直的性格以免坏事。

注释　[1] 冷眼：冷静、客观的眼光。
[2] 刚肠：刚直的气质。

厚德　弘量　大识

德随量进，量由识长。故欲厚其德，不可不弘其
量；欲弘其量，不可不大其识。

今译　品德随气度宽宏而增长，气度因见识丰富而宽宏。
如果要增长品德，就必须要使自己气度宽宏；
而要想气度宽宏，就必须丰富自己的见识。

❦ 反己皆药石　尤人即戈矛

　　反己者，触事皆成药石；尤人者，动念即是戈矛。一以辟众善之路，一以浚诸恶之源[1]，相去霄壤矣。

　　今译　　能够时时进行自我反省的人，
　　　　　　　不论他所接触的是什么东西，
　　　　　　　都会变成使自己警惕的良药；
　　　　　　　只知道对别人挑剔埋怨的人，
　　　　　　　不论他所闪现的是什么念头，
　　　　　　　全都是杀气腾腾的恶毒打算。
　　　　　　　可见反省是通往行善的途径，
　　　　　　　而挑剔则是导致罪恶的源泉。
　　　　　　　反己与尤人两种行为的区别，
　　　　　　　真是一个在天上一个在九泉。

　　注释　　[1] 浚：开辟疏通。

❦ 精神万古　气节长存

　　事业文章随身销毁，而精神万古如新；功名富贵逐世转移，而气节千载一日[1]。君子信不当以彼易此也[2]。

今译　成就文章会随着个人的死亡而消失，

唯有崇高伟大的精神才会万古长存；

功名富贵会随着时代的变迁而泯灭，

唯有正直峻拔的志节才会永驻人间。

修养深厚的君子会作出明智的抉择，

绝对不会因追逐短暂而放弃了永恒。

注释　[1] 千载一日：千年有如一日。喻永恒不变。

　　　　[2] 彼：指事业文章和功名富贵。此：指精神和气节。

机里藏机　变外生变

鱼网之设，鸿则罹其中[1]；螳螂之贪，雀又乘其后[2]。机里藏机，变外生变，智巧何足恃。

今译　设置鱼网本是为了捕鱼，不料鸿雁竟落到了网中；

螳螂一心贪吃眼前的蝉，它的后面却有一只黄雀。

玄机中藏着更深的玄机，变幻中生出更奇的变幻。

人类的小小智慧与计谋，又怎么能够有恃无恐呢?

注释　[1]"鱼网"二句：语出《诗经·邶风·新台》："鱼网
之设，鸿则离之。"罹（lí）：遭受。

　　　　[2]"螳螂"二句：螳螂欲捕蝉而食之，不知道黄雀在

自己的身后要吃自己。喻只见到眼前的利益而忽略
了背后的灾祸。

做人贵真　涉世尚圆

作人无点真恳念头，便成个花子，事事皆虚；涉
世无段圆活机趣[1]，便是个木人，处处有碍。

今译　做人如果没有真诚恳切的心意，
就成了个什么也没有的叫花子，
不管做什么事都不能踏踏实实；
处世如果没有圆通灵活的机趣，
就等于是一块不开窍的死木头，
不论做什么事都将会遭遇险阻。

注释　[1] 机趣：天趣，风趣。

水不波则自定　心不混而自清

水不波则自定，鉴不翳则自明[1]。故心无可清，去
其混之者而清自现；乐不必寻，去其苦之者而乐自存。

今译　　水面没有波浪自然会平静，

　　　　镜子没有遮蔽自然会明亮。

　　　　人类的心灵无须刻意清洗，

　　　　只要将心灵中的邪念除去，

　　　　平静明亮的心态自会呈现；

　　　　生活的乐趣无须刻意追寻，

　　　　只要将心灵中的烦恼排除，

　　　　快乐幸福的生活自会来临。

注释　　[1] 鉴：此指铜镜。翳（yì）：遮蔽。

一念、一言、一事之戒

　　有一念犯鬼神之禁，一言而伤天地之和，一事而酿子孙之祸者，最宜切戒[1]。

今译　　有一种邪恶的念头会触犯鬼神的禁忌，

　　　　有一句恶毒的话语会破坏人间的和气，

　　　　有一件惹祸的事情会导致子孙的灾难，

　　　　所有这些都必须特别小心绝不能去做。

注释　　[1] 切戒：深深地引以为戒。

急之不白　操之不从

事有急之不白者，宽之或自明，毋躁急以速其忿；人有操之不从者，纵之或自化，毋躁切以益其顽。

今译　当事情在短时间内难以明白，
不妨先宽缓下来以听其自然，
事情不久之后自然就会澄清；
不要太急着为自己多方辩解，
否则会使对方更加火上浇油。
有的人你愈指导他就愈不听，
不妨先让他按照他的性子做，
也许他慢慢就能够受到感染；
不要过于着急强迫他遵从你，
否则反会使他更加冥顽不化。

节义文章　德性陶之

节义傲青云[1]，文章高《白雪》[2]，若不以德性陶之[3]，终为血气之私[4]，技能之末。

今译　节义高尚足以傲视高官厚禄，

文章华美足可胜过阳春白雪。

然而如果不能用至诚之性，

来陶冶才情和统率节义的话，

节义不过是一时的感情冲动，

文章无非是琐屑的雕虫小技。

注释　[1] 青云：喻身居高位的达官贵人。

[2] 白雪：古曲名。指高雅的诗词文章。

[3] 德性：人的自然至诚之性。

[4] 血气之私：指个人意气。

功成身退　与人无争

谢世当谢于正盛之时，居身宜居于独后之地[1]。

今译　一个人如果想超越凡尘俗事，

最好在名声鼎盛时急流勇退，

因为这样的时节受用才最大；

一个人要想修养好品格心性，

各种好处要尽量在人的后面，

因为这样的取舍境界才最高。

注释　[1] 居身：立身处世。独后：不与人争而居后。

　　浮华不如纯朴　　浇薄不及高古

　　交市人不如友山翁[1]；谒朱门不如亲白屋[2]；听街谈巷语，不如闻樵歌牧咏；谈今人失德过举，不如述古人嘉言懿行。

今译　　与其和市井经商的人交朋友，

　　　　不如和隐居乡野的人交朋友；

　　　　与其汲汲钻营巴结豪门富户，

　　　　不如悠然自适亲近平民百姓；

　　　　与其谈论街头巷尾的是与非，

　　　　不如听樵夫民谣和牧童山歌；

　　　　与其批评当代人的错误过失，

　　　　不如多传述古人的美好言行。

注释　[1] 山翁：隐居山林的老者。

　　　[2] 朱门：红色大门。喻富贵之家。白屋：平民百姓人家的房屋。喻平民、寒士。

勿自昧　戒自夸

前人云："抛却自家无尽藏，沿门持钵效贫儿。"
又云："暴富贫儿休说梦，谁家灶里火无烟?"一箴自
昧所有，一箴自夸所有，可为学问切戒。

今译　前人说：

"抛却自家无尽藏，沿门持钵效贫儿。"

又说道：

"暴富贫儿休说梦，谁家灶里火无烟。"

上面这两句富有禅学韵味的格言，

一句忠告不知自己本来富有的人，

一句忠告只知夸耀自己富有的人，

都是作学问者必须彻底戒除的事。

随人接引　随事警惕

道是一种公众物事，当随人而接引[1]；学是一个
寻常家饭，当随事而警惕。

今译　人生的真理就像每个人都必须走的大路，

应当随着人们本性的不同而恰当地引导；

求学问道就像每个人都要吃饭那样普遍，

应当顺应不同的事物而保持着清醒警觉。

注释 [1] 接引：本指引渡众生。此指引导。

信人己独诚　疑人己先诈

信人者，人未必尽诚，己则独诚矣；疑人者，人未必皆诈，己则先诈矣。

今译 一个能够深信别人的人，虽然别人未必全都诚实，但自己已先做到了诚实；一个经常怀疑别人的人，虽然别人未必全都狡诈，但自己已成了狡诈的人。

善念化育万物　恶念摧残万物

念头宽厚的，如春风熙育万物[1]，遭之而生；念头忌刻的[2]，如朔雪阴凝万物，遭之而死。

今译　　内心宽厚的人就像春天的和风吹拂着万物，
　　　　万物在它的吹拂下纷纷焕发出了勃勃生机；
　　　　内心刻薄的人就像严冬的冰雪摧残着万物，
　　　　万物在它的摧残下纷纷显示出了凋零枯死。

注释　　[1] 熙育：化育。
　　　　[2] 忌刻：为人妒忌刻薄。

为善暗长　为恶潜消

　　为善不见其益，如草里冬瓜，自应暗长；为恶不见其损，如庭前春雪，当必潜消。

今译　　一个人总做好事，表面上看不出有什么好处，
　　　　像草丛里的冬瓜，在不知不觉中渐渐增长；
　　　　一个人总做坏事，表面上看不出有什么损害，
　　　　像庭院里的积雪，在不知不觉中消解自己。

遇故旧　处隐微　待衰朽

　　遇故旧之交，意气要愈新；处隐微之事[1]，心迹

宜愈显；待衰朽之人，恩礼当愈隆。

今译　　遇到好多年不见的老朋友时，

志趣精神要特别地真诚新颖；

处理某种隐秘敏感的事情时，

想法行为要特别地光明磊落；

对待年龄大体力衰的老人时，

举止礼数要特别地殷勤周到。

注释　　[1] 隐微：隐私的小事。

君子以勤俭立德　小人以勤俭谋利

勤者敏于德义，而世人借勤以济其贫；俭者淡于货利，而世人假俭以饰其吝。君子持身之符[1]，反为小人营私之具矣，惜哉！

今译　　勤奋的人应注意加强品德和道义修养，

世人却用勤奋来作为解决贫困的手段；

俭朴的人应该淡泊地对待财物和金钱，

可是世人却用俭朴来掩饰自己的吝啬。

勤俭本来是君子用来立身处世的法宝，

却反倒成了市井小人谋求私利的工具。

这种情况说起来实在是让人伤心叹息!

注释　　[1] 符：护身符。此指法则。

莫凭意兴作为　不从情识解悟

凭意兴作为者，随作则随止，岂是不退之轮[1]；从情识解悟者，有悟则有迷，终非常明之灯[2]。

今译　　只凭一时兴致做事的人，

热情一退，事情也跟着停止，

这怎会是永不停懈的进取态度？

只凭情感知识来领悟真理的人，

即便领悟，也必将重陷迷惑，

终究不是永远明亮的觉悟之灯。

注释　　[1] 不退之轮：轮指法轮。佛家认为，佛法能摧毁众生

的罪恶，所以佛法就像法宝，能辗碎山岳岩石和一

切邪魔恶鬼。并且这个法轮并不停在一处，而是像

车轮般到处辗转，所以称为不退之轮。

[2] 常明之灯：佛家指本智的光明。

❧ 恩宜自淡而浓　威宜自严而宽

恩宜自淡而浓。先浓后淡者，人忘其惠；威宜自严而宽。先宽后严者，人怨其酷。

今译　予人恩惠要从淡薄逐渐变丰厚，

假如开始丰厚而逐渐变得淡薄，

就容易使人生怨而忘了这恩惠；

对人施威要从严厉逐渐变宽容，

假如开始宽容而逐渐变得严厉，

就容易使他人埋怨你冷酷无情。

❧ 心虚则性现　意净则心清

心虚则性现[1]，不息心而求见性，如拨波觅月；意净则心清，不了意而求明心，如索镜增尘。

今译　当人的心境空明没有杂念时，

纯真善良本性就会显现出来。

不使心神宁静而想发现本性，

就好像是拨开水波去寻觅那一轮明月。

当人的意念纯净没有杂质时，

内心里才能平静不染无纤尘。

不根除凡俗念而想明心见性，

就如同想在落满灰尘的镜前，

企图映照出自己的本来面目。

注释　　［1］心虚：心中没有杂念。

我贵人奉不足喜　我贱人侮不足怒

我贵而人奉之，奉此峨冠大带也；我贱而人侮之，侮此布衣草履也。然则原非奉我，我胡为喜？原非侮我，我胡为怒？

今译　　我有权有势，人们就奉承我，

这是奉承我的官位和纱帽；

我贫穷低贱，人们就轻视我，

这是轻视我的布衣和草鞋。

可见人们根本不是奉承我，我为什么要高兴呢？

反之人们根本不是轻视我，我为什么要生气呢？

为鼠常留饭　怜蛾不点灯

"为鼠常留饭，怜蛾不点灯"，古人此等念头，是吾人一点生生之机[1]。无此，便所谓土木形骸而已[2]。

今译　"为了避免老鼠饿死，就经常留出一点剩饭；

为了不让飞蛾被烧死，晚上就不点灯。"

古人的这种大慈大悲的心肠，

就是善念能繁衍不息的生机。

没有这心肠，人就是所谓的木偶泥塑罢了。

注释　[1] 生生之机：使万物增长的意念。生生，繁衍不息。

机，契机。

[2] 土木形骸：土木指只有躯壳而没有灵魂的泥土和树

木，形骸指人的身体。

心体便是天体　只要随起随灭

心体便是天体[1]，一念之喜，景星庆云[2]；一念之怒，震雷暴雨；一念之慈，和风甘露[3]；一念之严，烈日秋霜。何者少得？只要随起随灭，廓然无碍[4]，便与太虚同体。

今译　人类的心就是天地的心，人类之体就是天地之体：

　　　　人的一念之喜悦，就如同祥星瑞云；

　　　　人的一念之愤怒，就如同雷电风雨；

　　　　人的一念之慈悲，就如同和风甘露；

　　　　人的一念之冷酷，就如同烈日秋霜。

　　　　天地喜怒严慈的变化，有哪一种会少呢？

　　　　大自然的变化时起时灭，对于广大宇宙毫无阻碍。

　　　　人的修养如能达此境界，就可以与天地同心同体。

注释　[1] 心体：人类的精神本原。天体：天空中星辰的总称，

　　　　　　　指天心、宇宙精神的本原。

　　　　[2] 景星：代表祥瑞的星名。庆云：象征祥瑞的云层。

　　　　[3] 甘露：祥瑞的象征。

　　　　[4] 廓然：广大。

操履严明　心气和易

士君子处权门要路[1]，操履要严明，心气要和易。
毋少随而迫腥膻之党[2]，亦毋过激而犯蜂虿之毒[3]。

今译　一个修养纯熟的君子，当身处高官显位之时，

　　　　操守品行要严谨光明，心境气度要平和宽厚。

　　　　绝对不可以同流合污，接近营私舞弊的奸党；

也不要过分刚直偏激，触怒阴险狠毒的小人。

注释　[1] 权门：有权势的政要。要路：显要的地位。

　　　　[2] 腥膻：鱼臭为腥，羊臭叫膻。喻操守卑污的人。

　　　　[3] 蜂虿（chài）：蜂和虿都是有毒刺的虫子。比喻奸佞
　　　　　　之人。

不近恶事　不立善事

标节义者，必以节义受谤；榜道学者[1]，常因道
学招尤。故君子不近恶事，亦不立善名，只浑然和
气[2]，才是居身之珍。

今译　标榜节义的人，必然会因节义而受毁谤；
　　　　标榜道学的人，经常由于道学而受指责。
　　　　因此，君子既不接近坏事，也不贪求善名，
　　　　只须保持纯朴和蔼之气，才是立身处世的无价宝。

注释　[1] 道学：宋儒治学以义理为主，因此把他们所研究的
　　　　　　学问叫理学，即道学。
　　　　[2] 浑然：纯朴敦厚。和气：儒雅温和。

一念慈祥　寸心洁白

一念慈祥，可以酝酿两间和气；寸心洁白，可以昭垂百世清芬。

今译　心中有了慈祥的念头，可以形成天地间祥和的气息；心地保持洁白的状态，可以给百世留下美好的名声。

阴谋为涉世祸胎　庸德为和平基础

阴谋怪习，异行奇能，俱是涉世祸胎[1]。只一个庸德庸行[2]，便可以完混沌而召和平[3]。

今译　阴险的计谋怪异的习气，奇异的行为古怪的技能，是招致灾乱祸患的根源。只有平实的德操和言行，能保全世道人心的淳朴，并能够招来平安的福分。

注释　[1] 祸胎：指招致祸患的根源。
　　　　[2] 庸德：常德，一般的道德规范。
　　　　[3] 混沌：本指宇宙初开元气未分之时。比喻自然而无知、淳朴的心神。

登山耐侧路　踏雪耐危桥

语云："登山耐侧路，踏雪耐危桥。"一"耐"字极有意味，如倾险之人情、坎坷之世道，若不得一"耐"字撑持过去，几何不堕入榛莽坑堑哉[1]？

今译　有一句俗话非常值得我们玩味：
　　　　"爬山要耐得住斜坡上的险路，
　　　　踏雪要有胆量过危险的桥梁。"
　　　　这个"耐"字啊实在意味深长。
　　　　就像险诈奸邪危机四伏的人情，
　　　　坎坷不平羊肠九曲的人生道路，
　　　　不是依靠这个"耐"字支撑下去，
　　　　怎会不陷入荆棘深沟难以自拔？

注释　[1] 榛莽：杂乱丛生的草木。比喻艰危，荒乱。坑堑：有深沟的险处。

心体莹然　本来不失

逞功业，炫文章，皆是靠外物作人。不知心体莹然，本来不失，即无寸功只字，亦自有堂堂正正作人处。

今译　　夸耀自己的赫赫功业，炫耀自己的美妙文章，
　　　　都是借助于外来东西，增加自身的光彩价值。
　　　　岂不知每个人的内心，都是晶莹洁白的美玉？
　　　　只要不丧失纯真人性，即使在人的一生之中，
　　　　没留下半点功勋事业，没留下一字著作文章，
　　　　也仍是一个顶天立地，堂堂正正的大写的人！

居官居家　二语箴言

　　居官有二语，曰："唯公则生明，唯廉则生威。"
居家有二语，曰："唯恕则清平[1]，唯俭则用足。"

今译　　做官有两句必须遵守的箴言：
　　　　"只有公正无私才能判断明确，
　　　　只有清白廉洁才能使人敬畏。"
　　　　治家有两句必须遵守的箴言：
　　　　"只要你宽容心情自然会平和，
　　　　只要你节俭家用就能够充足。"

注释　　[1] 恕：推己及人，仁爱待物。清平：情绪平稳，毫无
　　　　怨天尤人之意。

持身不可太皎洁　待人且莫太分明

持身不可太皎洁，一切污辱垢秽要茹纳得[1]；与人不可太分明，一切善恶贤愚要包容得。

今译　　修身养性不可太自命清高，
　　　　　对一切羞辱委屈、污垢秽浊都要容忍得下；
　　　　　待人处世不可太善恶分明，
　　　　　不管是善人恶人、智者愚者都要包容得下。

注释　　[1] 茹纳：容纳，包容。

休与小人结仇　休向君子谄媚

休与小人仇雠，小人自有对头；休向君子谄媚[1]，君子原无私惠。

今译　　不值得跟行为恶劣的小人结仇，
　　　　　因为小人自然有他自己的对头；
　　　　　不要向修养纯熟的君子献殷勤，
　　　　　因为君子不会徇私而给你恩惠。

注释　[1] 谄媚：用不正当言行博取他人欢心。

势理病难医　义理障难除

纵欲之病可医，而势理之病难医[1]；事物之障可除，而义理之障难除[2]。

今译　放纵情欲的毛病还可以医治矫正，
　　　　事理上顽固不化却是很难治得好；
　　　　一般事物的障碍物可以移开除去，
　　　　思想认识上的障碍却实在难排除。

注释　[1] 势理之病：固执己见、刚愎自用的毛病。
　　　　[2] 义理之障：真理、正义方面的障碍。

磨练当如百炼金　施为宜似千钧弩

磨练当如百炼之金，急就者非邃养[1]；施为宜似千钧之弩，轻发者无宏功。

今译　磨砺身心要像炼金一般反复熔冶，

如果急功近利就不会有高深修养；

处理事情要像拉开千钧大弓一样，

如果随便发射就不会有好的效果。

注释　[1]邃养：高深修养。

　　🎵　宁为小人忌　甘受君子责

宁为小人所忌毁，毋为小人所媚悦[1]；宁为君子所责备，毋为君子所包容。

今译　宁可遭受小人恶意的猜忌和毁谤，

也不要被小人的甜言蜜语所迷惑；

宁可遭受君子的严厉责难和训斥，

也不要被君子的宽宏雅量所包容。

注释　[1]媚悦：本指女性以美色取悦于人，此指用不正当行

为博取他人欢心。《史记·佞幸列传》："非独女以

色媚，而士宦亦有之。"

好利之害尚浅　好名之害尤深

好利者轶出于道义之外[1]，其害显而浅；好名者窜入于道义之中，其害隐而深。

今译　好利的人行为超出道义范畴之外，
逐利的祸害明显还容易使人防范，
因而造成的后患也就不至于太大；
好名的人假借仁义道德收买人心，
作恶手段隐秘且不容易被人察觉，
因而所造成的危害就非常地深远。

注释　[1] 轶（yì）：超出。

受人之恩怨　闻人之恶善

受人之恩，虽深不报，怨则浅亦报之；闻人之恶，虽隐不疑，善则显亦疑之。此刻之极，薄之尤也，宜切戒之。

今译　接受他人施予的恩惠，虽然很多也不去报答。

但是有了一点点怨恨，就千方百计加以报复；
听到他人做出了错事，即使谣传也深信不疑。
但是听到人家的好事，再明显也不愿意相信。
这种人居心实在刻薄，可以说阴冷到了极点。
而像这样的刻薄歹毒，正人君子务必要戒绝。

谗言如乌云蔽日　媚言似隙风侵肌

谗夫毁士，如寸云蔽日，不久自明；媚子阿人[1]，似隙风侵肌[2]，不觉其损。

今译　　用恶言毁谤中伤他人的小人，
像一片乌云遮住光明的太阳。
只要清风吹来乌云就会消散，
被遮住的太阳就能重现光明；
用甜言蜜语阿谀他人的小人，
像渗入门缝中的风伤害皮肤。
人们虽然不觉得它有多疼痛，
却惹上伤肌损骨的不治之症。

注释　　[1] 媚子：逢迎阿谀。阿人：谄媚取巧，曲意附和。
[2] 隙风：从墙壁和门窗的小孔里吹进的风。这种风最易使人身体受伤而得病。

山高峻处无草木　水湍急处无鱼虾

山之高峻处无木，而溪谷回环则草木丛生；水之
湍急处无鱼，而渊潭渟蓄则鱼鳖聚集[1]。此高绝之行，
褊急之衷[2]，君子重在戒焉。

今译　　山峰高耸云霄的地带不长树木，
　　　　而溪谷环绕处有各种花木生长；
　　　　水流特别湍急的地方没有鱼虾，
　　　　而水深且静处有各种鱼类聚集。
　　　　可见过分的清高和过分的偏激，
　　　　也跟高山峻岭和湍急河流相同，
　　　　都是不能容纳万物生息的所在，
　　　　君子必须将这种状况彻底戒除。

注释　　[1] 渊潭：深潭。渟（tíng）蓄：水平静不流动。
　　　　[2] 褊（biǎn）急：气量狭隘，性情急躁。衷：内心。

圆融成大业　固执失良机

建功立业者，多圆融之士；偾事失机者[1]，必执
拗之人。

今译　　能够成就一番大事业的，大多是谦虚圆融的人；
　　　　败坏事业错失良机的人，必定是固执任性的人。

注释　　[1] 偾（fèn）事：败事。

　　　处事不与俗同异　作事不令人厌喜

处世不宜与俗同，亦不宜与俗异；作事不宜令人
厌，亦不宜令人喜。

今译　　既不要跟俗人们同流合污做坏事，
　　　　也不要自命清高而故意与众不同；
　　　　既不可以事事自作主张惹人讨厌，
　　　　也不可以曲意奉承博取他人欢心。

　　　莫道桑榆晚　为霞尚满天

日既暮，而独烟霞绚烂；岁将晚，而有橙桔芳馨。
故末路晚年[1]，君子更宜精神百倍。

今译　当太阳将要落下西山的时候，
　　　天上的晚霞是多么绚烂夺目；
　　　当深秋季节层林尽染的时候，
　　　金黄的柑桔吐露着扑鼻芬芳。
　　　所以君子即使到了末路晚年，
　　　也要更加振作精神奋发有为。

注释　[1] 末路：最后的路程。喻失意潦倒或没有前途。

聪明不露　才华不逞

　　鹰立如睡，虎行似病，正是它取人噬人手段处。故君子要聪明不露，才华不逞，才有肩鸿任钜的力量[1]。

今译　当老鹰立在枝头貌似瞌睡时，
　　　当老虎走在路上好像生病时，
　　　就是它准备捕捉猎物的手段。
　　　所以君子就应该像鹰虎一样，
　　　不去炫耀聪明不去显露才华，
　　　才能有肩负重大使命的力量。

注释　[1] 肩鸿：担当大任。鸿，洪，大。

少饮宴　淡声华　轻名位

饮宴之乐多，不是个好人家；声华之习胜，不是个好士子；名位之念重，不是个好臣子。

今译　经常举行酒会作乐，绝非正派的好家庭；

耽溺于声色享受的，绝非正派的读书人；

名利权位观念重的，绝非廉正的好官吏。

如愿时苦在其中　拂心时乐在里面

世人以心肯处为乐[1]，却被乐心引在苦处；达士以心拂处为乐[2]，终为苦心换得乐来。

今译　凡俗之人把能够满足欲望当成是快乐，

然而却被贪图快乐的心引诱到痛苦中；

通达的人把能够忍受折磨当成是快乐，

最后终因这一片苦心而得到真正解脱。

注释　[1] 心肯：心里同意，心满意足。

[2] 心拂：心中遭遇横逆事物。

水满切忌加一滴　木危切忌加一搦

　　居盈满者，如水之将溢未溢，切忌再加一滴；处危急者，如木之将折未折，切忌再加一搦。

今译　　生活在幸福美满的环境里，
　　　　就像已经装满了水的水缸，
　　　　千万不能再增加一点一滴，
　　　　否则缸水就会立刻溢出来；
　　　　生活在危险急迫的环境里，
　　　　就像几乎就要折断的树木，
　　　　千万不能再施加一点压力，
　　　　否则树木就会立刻被折断。

冷眼　冷耳　冷情　冷心

　　冷眼观人，冷耳听语；冷情当感，冷心思理。

今译　　用冷静的眼光观察芸芸众生，
　　　　用冷静的耳朵聆听说话议论；
　　　　用冷静的态度代替感情用事，

用冷静的心境思考各种事情。

仁人宽舒　鄙夫迫促

仁人心地宽舒，便福厚而庆长[1]，事事成个宽舒气象；鄙夫念头迫促，便禄薄而泽短，事事得个迫促规模。

今译　心地仁慈博爱的人，由于胸怀宽阔舒畅，
　　　　能享受长久的福分，事事都能从容平和；
　　　　心胸狭隘迫促的人，由于眼光短浅鄙陋，
　　　　只能有短暂的福禄，事事都是狭隘局促。

注释　[1] 福厚而庆长：福泽丰厚，福禄绵长。《易·文言》：
　　　　"积善之家必有余庆。"

闻恶不可即就　闻善不可即亲

闻恶不可就恶，恐为谗夫泄怒；闻善不可即亲，恐引奸人进身。

今译　听到某个人犯下了过错的消息，
　　　不可马上相信并开始去厌恶他。
　　　必须冷静地观察一下传话的人，
　　　看看他是否有诬陷泄愤的居心；
　　　听到某个人做出了好事的消息，
　　　不可立即相信并准备去亲近他。
　　　必须清醒地考察行善者的本心，
　　　以免被奸人作为捞好处的途径。

心和气平　百福自集

性躁心粗者，一事无成；心和气平者，百福自集。

今译　性情急躁粗心大意的人，做什么事都不易成功；
　　　性情温和心平气和的人，各种福分自然会到来。

用人不宜刻　交友不宜滥

用人不宜刻，刻则思效者去；交友不宜滥[1]，滥则贡谀者来[2]。

今译　用人要宽厚而不刻薄，因为如果你待人刻薄，
即使想为你效力的人，也受不了而设法离开；
交友不选巧言令色者，因为如果你交友浮泛，
善于逢迎献媚的小人，就会纷纷来到你身边。

注释　[1] 交友不宜滥：《论语·季氏》："益者三友，损者三
友。友直，友谅，友多闻，益矣；友便辟，友善
柔，友便佞，损矣。"滥，浮华的言辞。
[2] 贡谀：说好听话以逢迎讨好。

　　脚定　眼高　回头早

　　风斜雨急处，要立得脚定；花浓柳艳处，要着得
眼高；路危径险处，要回得头早。

今译　置身狂风劲猛大雨倾盆的恶劣环境，
一定要坚定意志站稳脚跟以免跌跤；
面对百花争妍娇柳迷人的美好风景，
一定要眼光远大不被眼前景色迷昏；
遇到狭窄陡急危险重重的崎岖路径，
一定要及早回头以免失足坠崖丧身。

和衷不启忿争路　谦德不开嫉妒门

节义之人，济以和衷^[1]，才不启忿争之路；功名之士，承以谦德^[2]，方不开嫉妒之门。

今译　崇尚节义的人容易陷入偏激，

须用温和平缓的胸怀来补益，

那么就不会与人有意气之争；

功成名就的人容易满足自大，

所以须用谦恭俭约的美德来辅助，

那么就不会打开嫉妒的大门。

注释　[1] 济：补益，调节。和衷：温和的心胸。

[2] 谦德：谦虚、俭约之德。

居官杜邪端　乡居敦旧好

士大夫居官不可竿牍无节^[1]，要使人难见，以杜邪端；居乡不可崖岸太高^[2]，要使人易见，以敦旧好。

今译　士大夫在做官的时候，对于求职位的推荐信，

不能毫无节制地接待，要让他人难见到自己，

以防范奔走钻营的人；士大夫在居乡的时候，
就不要一味自命清高，要用平易的态度处世，
让乡亲容易见到自己，以便敦睦邻里的感情。

注释　[1] 竿牍：书信。竿，竹简。牍，木板。古代皆用于
　　　　写字。
　　　[2] 崖岸太高：喻性情高傲。

畏大人　亦畏小民

大人不可不畏[1]，畏大人则无放逸之心；小民亦
不可不畏，畏小民则无豪横之名。

今译　对于德行高洁的圣人们，不可不抱着敬畏的态度。
　　　只有用敬畏心对待大人，才没有放纵安逸的心念；
　　　对于沽酒卖浆的普通人，也不可没有敬畏的态度。
　　　只有用敬畏心对待百姓，才没有豪强蛮横的恶名。

注释　[1] 大人：德行高尚、志趣高远之人。《论语·季氏》：
　　　　"畏大人。"《注》："大人，圣人也。"

处逆化怨尤　荒怠图振奋

　　事稍横逆[1]，便思不如我的人，则怨尤自清[2]；心稍怠荒[3]，便思胜我的人，则精神自奋。

今译　当事情不如意而处于逆境时，
　　　　就不妨想想那些不如我的人，
　　　　这样我就不会继续怨天尤人；
　　　　当我一帆风顺而精神松懈时，
　　　　就应当想想那些比我强的人，
　　　　这样我就会立即振作起精神。

注释　[1] 横逆：不顺心不如意。
　　　　[2] 怨尤：把失败归咎于命运和别人。
　　　　[3] 怠荒：精神萎靡不振，懒惰放纵。

不落筌蹄　不泥迹象

　　善读书者，要读到手舞足蹈处，方不落筌蹄[1]；善观物者，要观到心融神洽时[2]，方不泥迹象。

今译　一个真正懂得读书的人，要读到手舞足蹈的境界，才不被语言文字所束缚，而深切领会书中的真理；
一个善于观察事物的人，要把全部心神融入其中，
才不会拘泥于它的形迹，而不明白它的本质精神。

注释　[1] 筌蹄：比喻达到目的手段或工具。《庄子·外物》：
"筌者所以在鱼，得鱼而忘筌；蹄者所以在兔，得
兔而忘蹄。"筌，捕鱼的竹器。蹄，捕兔的网具。

[2] 心融神洽：人的精神与物体合而为一，心领神会而
至忘我境界。

◌ 莫以己长形人短　勿因己富欺人贫

天贤一人以诲众人之愚，而世反逞所长以形人之
短[1]；天富一人以济众人之困，而世反挟所有以凌人
之贫：真天之戮民哉[2]！

今译　上天给予一个人聪明睿智，
是让他教导愚昧鲁钝的人。
可现在世上看似聪明的人，
反而拼命卖弄自己的才华，
来使别人的短处相形见绌；
上天给予一个人富华富贵，
是让他帮助众人解决困难。

可现在世上荣华富贵的人，

反而恣意依仗自己的财富，

来傲视欺凌贫穷困难的人。

这两种昧着良心做事的人，

是要受到上天严惩的罪人。

注释　[1] 形：表露。

[2] 戮民：有罪之人。按：此则之意，本于《孟子》引

《书经》语。

智人愚人可共事　中才之人难下手

至人何思何虑，愚人不识不知，可与论学，亦可与建功。唯中才之人，多一番思虑知识，便多一番臆度猜疑[1]，事事难于下手。

今译　智慧道德超凡脱俗的人，心胸平静没有丝毫忧虑，

因此遇事不会心存戒备；智商不高愚鲁笨拙的人，

糊里糊涂脑子一片空白，因此遇事不懂勾心斗角。

既可以和他们讨论学问，也可以和他们建功立业。

唯独天资禀赋中等的人，智商既不算高也不算笨，

遇事反复掂量疑虑重重，所以什么事都难以完成。

注释 [1] 臆度：主观推测。

❧ 守口应密　防意须严

口乃心之门，守口不密，泄尽真机；意乃心之
足[1]，防意不严，走尽邪路。

　　今译　　嘴巴是心灵的大门，如果大门防守不严，
　　　　　　就会泄露全部秘密；意志是心灵的双脚，
　　　　　　假如双脚管束不严，就会走尽世上邪路。

　　注释　　[1] 意乃心之足：形容心灵统帅意识。

❧ 待人须宽厚　律己应严格

责人者，原无过于有过之中，则情平；责己者，
求有过于无过之内，则德进。

　　今译　　对待别人要宽厚为怀，当别人犯下了过错时，
　　　　　　像没有过错般原谅他，就能心平气和地相处；
　　　　　　对待自己应严格要求，应在自己没有过错时，

注意避免可能的过错，才能使自己品德进步。

赤子陶铸　终成大器

赤子者，人之胚胎；秀才者，宰相之基础。此时若火力不到，陶铸不纯，他日涉世立朝，终难成个令器[1]。

今译　小孩是大人的前身，秀才是官吏的雏形。
在这个初级的阶段，如果磨练陶铸不够，
将来入世做官之后，很难成为有用人才。

注释　[1] 令器：美好的人才。

不忧患难　不畏权豪

君子处患难而不忧，当宴游而惕虑[1]；遇权豪而不惧，对茕独而惊心[2]。

今译　君子置身在患难之中，也绝对不会忧心戚戚；

可当他在宴饮安乐时，却能够知道警惕自己。

君子遇到有权势的人，也绝对不会战战兢兢；

可当遇到孤寡老弱时，却油然生起了同情心。

注释　[1] 宴游：宴饮游乐。惕虑：警惕忧虑。

　　　[2] 茕独：孤苦伶仃的意思。茕，孤独无依。独，没有

　　　　　子孙。

浓夭不及淡久　早秀不如晚成

　　桃李虽艳，何如松苍柏翠之坚贞；梨杏虽甘，何如橙黄桔绿之馨冽？信乎！浓夭不及淡久[1]，早秀不如晚成也。

今译　桃树和李树的花朵虽然绚烂夺目，

　　　怎比得四季常青的松柏那样坚贞？

　　　梨子和杏子的滋味虽然香甜甘美，

　　　怎比得黄橙绿桔飘散着芬芳甘冽？

　　　易逝的美色不如清淡的芬芳持久，

　　　少年时春风得意远不如大器晚成。

注释　[1] 浓夭：指美色早逝。

风恬浪静见真境　味淡声稀识本然

风恬浪静中[1]，见人生之真境；味淡声希处[2]，识心体之本然。

今译　在宁静平和的安定生活中，

才能发现人生的真实境界；

在粗茶淡饭的简单生活中，

才能发现心体的本来面貌。

注释　[1] 风恬浪静：比喻生活平静无波。

[2] 味淡声稀：比喻淡泊自守而不沉湎于美食声色中。

味，食物。声，声色。

菜根谭　后集

羡山林未必得趣　厌名利未必忘情

羡山林之乐者，未必真得山林之趣；厌名利之谈者，未必尽忘名利之情。

今译　口口声声说羡慕隐居山林生活的人，
　　　未必就真正能得到山林生活的乐趣；
　　　口口声声说讨厌功名不屑利禄的人，
　　　未必就彻底冷却了追名逐利的热情。

多事不如省事　多能不若无能

钓水，逸事也，尚持生杀之柄；弈棋，清戏也，且动战争之心。可见多事不如省事之为适，多能不若无能之全真。

今译　静坐水边垂钓是一种高雅的活动，
　　　然而钓者却手握着鱼的生杀大权；
　　　对坐桌前下棋是一种清雅的娱乐，
　　　然而棋手却心存着争强好胜心理。
　　　可见多事不如无事那样悠闲自在，

多才不如无才能够保全纯真本性。

浓艳为乾坤幻境　真淳是天地真吾

莺花茂而山浓谷艳，总是乾坤之幻境；水木落而石瘦崖枯，才见天地之真吾[1]。

今译　春天到来时姹紫嫣红百鸟齐鸣，
　　　　锦山绣谷平添了无限迷人景色。
　　　　然而这幅浓艳醉人的春之美景，
　　　　也只不过是大自然的一种幻象。
　　　　秋天到来时水痕变浅木落千山，
　　　　石瘦崖枯平添了无限清奇景致。
　　　　恰是这种豪华褪尽的高秋之气，
　　　　才是呈现天地之间的真实境界。

注释　[1] 真吾：我的本来面目。宋朱熹《四时读书乐》："木落水尽千崖枯，迥然我亦见真吾。"

世界之广狭　皆由心生

岁月本长，而忙者自促；天地本宽，而卑者自隘；风花雪月本闲[1]，而劳攘者自冗[2]。

今译　自然界的岁月本来就很悠长，

可是忙忙碌碌奔走钻营的人，

偏偏把自己逼得如此的匆促；

人世间的天地本来就很辽阔，

可是心胸狭窄卑微猥琐的人，

偏偏把自己逼得如此的狭隘；

春花秋月本来是如此的闲暇，

可是身心交瘁谋衣求食的人，

却觉得这些美景是纯属多余。

注释　[1] 风花雪月：泛指四时景色。

[2] 劳攘：劳指形体的劳碌，攘指精神的困扰。

得趣不在多　会景何须远

得趣不在多，盆池拳石间[1]，烟霞俱足；会景不在远，蓬窗竹屋下，风月自赊[2]。

今译　要领略自然的情趣不在于景致的多少，

　　　只要有一方小小池塘和几块奇岩怪石，

　　　就已具备了深山大川的烟霞迷濛之气；

　　　要欣赏自然的景致不必到远处去寻求，

　　　只要有简陋的竹屋蓬窗和清明的风月，

　　　就能够与风月融为一体而远离了尘俗。

注释　[1] 盆池拳石：如盆宽之池，如拳之石，都是形容空间

　　　　狭小。

　　　[2] 赊：多。

唤醒梦中梦　窥见身外身

听静夜之钟声，唤醒梦中之梦[1]；观澄潭之月影，
窥见身外之身[2]。

今译　聆听静夜里传来的振聋发聩的钟声，

　　　顿悟人生如梦一切都是虚幻的追逐；

　　　静观清澈潭水中映射的皎洁的月影，

　　　窥见了超越肉体的真实永恒的自我。

注释　[1] 梦中之梦：人生犹如一场大梦，而功名富贵更是梦

　　　　中之梦。

[2] 身外之身：肉身之外的精神生命。肉身为虚幻，唯
　　有精神生命方为真实。

鸟语虫声传心诀　花英草色见道文

　　鸟语虫声，总是传心之诀；花英草色，无非见道之
文[1]。学者要天机清澈[2]，胸次玲珑[3]，触物皆有会心处。

今译　　鸟的语言和虫的鸣声，都是传达情意的方法；
　　　　　花的艳丽和草的青翠，都是呈现妙道的文章。
　　　　　因此读书做学问的人，就不可以局限于书本。
　　　　　他要让灵智清明澄澈，还要使胸怀光明磊落。
　　　　　这样接触万事万物时，才得其真谛悠然会心。

注释　　[1] 见道：佛家语。彻见大道。
　　　　　[2] 天机：此指人的灵性智慧。
　　　　　[3] 胸次：胸怀。玲珑：明彻。

解读无字书　知弹无弦琴

　　人解读有字书，不解读无字书；知弹有弦琴，不

知弹无弦琴[1]。以迹用，不以神用，何以得琴书之趣？

今译 人们只知道阅读有文字的书，

却不知读大自然这无字天书；

人们只懂得弹奏有琴弦的琴，

却不知听大自然的无弦妙琴。

这是只知执着有形迹的事物，

而不知道领悟无形迹的神韵。

这浅陋狭隘平庸蠢俗的境界，

又怎能理解琴书的天机妙趣？

注释 [1] 无弦琴：禅录中用无弦琴音指"宣说"超出语言文
字之外的禅理，难以言传的悟心。《传灯录》卷十
三省念禅师传："问：'无弦琴请师音韵。'师良
久，曰：'还闻么？'"卷二十三神禄禅师传："萧
然独处意沉吟，谁信无弦发妙音？"卷二十五从显
禅师传："问：'久负没弦琴，请师弹一曲。'师
曰：'作么生听？'其僧侧耳。师曰：'赚杀人。'"
卷二十六缘德禅师传："问：'久负勿弦琴，请师弹
一曲。'师曰：'负来多少时也？'"又《五灯会元》
卷三道一禅师传："庞居士问：'不昧本来人，请师
高著眼。'师直下觑。士曰：'一等没弦琴，唯师弹
得妙。'"同书卷十三献蕴禅师传："无弦琴韵流沙
界，清音普应大千机。"

心无物欲神情澈　坐有琴书气欲仙

心无物欲，即是秋空霁海；坐有琴书，便成石室丹丘[1]。

今译　一个人如果不受物质欲望引诱，
　　　　他的气质会像秋空般宁静高远，
　　　　会像雨后初晴的大海那样明朗；
　　　　一个人身边有琴书来陪伴消遣，
　　　　他的感觉就像是到了逍遥仙境，
　　　　他的生活就像神仙般自由自在。

注释　[1] 石室、丹丘：都是传说的神仙居所。

乐极生悲　适可而止

宾朋云集，剧饮淋漓[1]，乐矣。俄而漏尽烛残[2]，香销茶冷[3]，不觉反成呕咽，令人索然无味。天下事率类此，奈何不早回头也。

今译　高朋贵客聚集到了一起，痛饮狂欢真是畅快之至。

然而转眼之间夜静更深，炉中的檀香就快要烧完，
摇曳的红烛也即将熄灭，醇美的香茶也渐渐变冷，
才觉得刚才的狂欢豪饮，令人有恶心欲吐的感觉，
再回想起那些欢乐场景，更觉得一点味道都没有。
人间的事情大多像这样，为什么不及早回头清醒？

注释　[1]剧饮：豪饮，痛饮。

　　　[2]漏尽：刻漏已尽。指夜深或天快亮。漏，古代计时
器。即漏壶。

　　　[3]香销：古时宴会用鼎置檀香木燃烧，使满室生香。
香销即指檀木香已经被烧尽。

会得个中趣　破得眼前机

会得个中趣，五湖之烟景尽入寸里[1]；破得眼前
机，千古之英雄尽归掌握。

今译　不论是什么样的情境，只要能领悟其中乐趣，
三江五湖的山川景物，都能够纳入我的心中；
不论是什么样的道理，只要能勘破其中机要，
古往今来的英雄豪杰，都可以在我的掌握中。

注释　[1]寸里：心里。

山河大地属微尘　血肉之躯归泡影

山河大地已属微尘，而况尘中之尘；血肉身躯且归泡影，而况影外之影。非上上智[1]，无了了心[2]。

今译　与无边无际的宇宙相比，山河大地犹如一粒尘埃，
更何况尘埃之中的人类，实在是卑微渺小得可怜！
与无始无终的时间相比，人类躯体犹如泡沫幻影，
更何况泡影之外的功名，实在幻灭得如过眼烟云！
不是能够大彻大悟的人，又怎有抛弃这一切的心？

注释　[1] 上上智：最高智慧。
[2] 了了心：彻底明白、了悟的心念。

石火光中争长短　蜗牛角上较雌雄

石火光中，争长竞短，光阴究有几何；蜗牛角上[1]，较雌论雄，世界究有许大。

今译　人的一生像火石发出的光一样短暂，
你争我夺分出高下，有限的光阴到底还剩下了多少？
争名逐利像在蜗牛角上摆开了战场，

殊死相斗决一雌雄，争得了全部地盘到底能有多大？

注释　[1] 蜗牛角上：比喻极小的地方。《庄子·则阳》：
　　　　"有国于蜗之左角者，曰触氏；有国于蜗之右角
　　　　者，曰蛮氏。时相与争地而战，伏尸数万，逐
　　　　北旬有五日后反。"后来便将为细碎小利而争夺
　　　　称作蜗角之争。

寒灯无焰弄光景　身如槁木堕顽空

　寒灯无焰，敝裘无温，总是播弄光景[1]；身如槁
木，心似死灰，不免堕在顽空[2]。

今译　一盏微弱的孤灯光焰黯淡，
　　　　一件破旧的大衣不能保暖，
　　　　参禅悟道到了这样的地步，
　　　　仍然是不免被造化所玩弄；
　　　　身体像是干枯衰朽的树木，
　　　　心灵犹如燃烧彻底的灰烬，
　　　　参禅悟道到了这样的地步，
　　　　已走上了冥顽枯寂的岐路。

注释　[1] 播弄：颠倒翻弄。

[2] 顽空：佛教语。指一种无知无觉的、无思无为的虚
　　无境界。

要休当下休　要了当下了

　　人肯当下休，便当下了。若要寻个歇处，则婚嫁
虽完，事亦不少；僧道虽好，心亦不了。前人云："如
今休去便休去，若觅了时无了时。"见之卓矣！

今译　　人如果能当下休歇，就能够当下了却。
　　　　如果老是想着找一个彻底清闲的时候，
　　　　那就像世俗之人婚姻大事虽然解决了，
　　　　接踵而来的各种杂事反而一个也不少；
　　　　哪怕和尚道士表面上看起来十分清闲，
　　　　实际上心中想着的事情也是没完没了。
　　　　古人说过：
　　　　"如今休去便休去，若觅了时无了时。"
　　　　如果现在能放下那就立即彻底放下，
　　　　如要想等万事了却就永远也等不到。
　　　　这话实在是精辟，发人深省啊！

冷眼观热事　闲中滋味长

从冷视热[1]，然后知热处之奔驰无益[2]；从冗入闲，然后觉闲中之滋味最长。

今译　　用清醒的目光观看名利场，
　　　　会发现碌碌钻营奔走繁忙，
　　　　实在是如蛾投火如蝇逐臭；
　　　　从忙碌的生活回归于闲适，
　　　　会发现机心全泯逍遥自在，
　　　　实在是宁静致远滋味深长。

注释　　[1] 热：指名位权势。
　　　　[2] 奔驰：奔波，奔走。

富贵如浮云　诗酒聊自娱

有浮云富贵之风[1]，而不必岩栖穴处；无膏肓泉石之癖[2]，而常自醉酒耽诗。

今译　　能把荣华富贵看成是浮云的人，
　　　　不必住到深山幽谷去修身养性；

对山水风景没有太深癖好的人，

却总是附庸风雅经常作诗醉酒。

注释　[1] 浮云富贵：视富贵如浮云。《论语·述而》："不义
　　　　而且富贵，于我如浮云。"

　　　[2] 膏肓泉石：成语有"病入膏肓"之说，形容无药可
　　　　救。此言爱好泉石成癖，严重得像病入膏肓般无药
　　　　可治。《旧唐书·田游岩传》："泉石膏肓，烟霞痼
　　　　疾。"泉石，山水。

不为法缠　不为空缚

竞逐听人，而不嫌尽醉；恬淡适己，而不夸独醒。此
释氏所谓"不为法缠[1]，不为空缠，身心两自在"者。

今译　别人争名夺利随他去争，不必因为别人醉心名利，
　　　就心生厌恶而去嫌弃他；恬静淡泊只是为了自适，
　　　因此也不必向世人夸耀，说什么世人皆醉我独醒。
　　　这就是佛家所说的"既不要被物质欲望蒙蔽，
　　　也不要被空寂枯槁困扰，才能够使身心悠然自得"。

注释　[1] 法缠：法指一切事物和道理。缠是束缚、困扰的
　　　　意思。

心狭天地狭　心宽天地宽

延促由于一念[1]，宽窄系之寸心。故机闲者一日遥于千古，意广者斗室宽若两间[2]。

今译　时间的长短多半是出于心理感受，

空间的宽窄多半是出于心理体验。

所以只要人们心机闲旷意趣宽广，

即使是一天时间也比千年还要长，

即使是一间房子也比天地还要大。

注释　[1] 延促：此指时间长短。延，长；促，短。

[2] 斗室：狭小的房间。

损之又损　忘无可忘

损之又损[1]，栽花种竹，尽交还乌有先生[2]；忘无可忘[3]，焚香煮茗，总不问白衣童子[4]。

今译　将物质欲望减少到最低限度，

每天栽花种竹培养生活情趣，

把一切烦恼都抛到九霄云外；

当消除了烦恼达到心无纤尘，

每天都在佛前烧香烹煮禅茶，

不用去念想送酒的白衣童子。

注释　　[1] 损之又损：此指从事于道，知识一天比一天减少。
《易·系辞下》：“损，德之修也。”《老子》：“为道
日损。损之又损，以至于无为。无为而无不为。”

[2] 乌有先生：汉司马相如《子虚赋》中虚拟的人名，
即本无其人之意。

[3] 忘无可忘：《庄子·让王》：“故养志者忘形，养形
者忘利，致道者忘心矣。”

[4] 白衣童子：陶渊明曾于重阳赏菊。后来望见白衣人
送酒而至，陶渊明更无多话，大醉而归。不问白衣
童子，意为不再关心送酒的白衣是什么人，比喻兴
趣在茶不在酒，对酒已经提不起兴趣了。按：此则
亦见于明李鼎《偶谈》。

知足者仙境　善用者生机

都来眼前事，知足者仙境，不知足者凡境；总出
世上因，善用者生机，不善用者杀机。

今译　　各种各样的事情纷纷出现在眼前，
　　　　知足的人就会像神仙一般的快乐，
　　　　不知足的人就像在凡境一样痛苦；
　　　　总括出人间万事万物的深层根由，
　　　　只要能善于运用就随处充溢生机，
　　　　如果不善于运用就到处布满陷阱。

松涧独行　竹窗高卧

　　松涧边携杖独行，立处云生破衲；竹窗下枕书高卧，觉时月浸寒毡。

今译　　在松树掩映的山涧边上，拄着拐杖独自悠然漫步，
　　　　身前身后涌起团团云雾，萦绕着我那破旧的僧袍；
　　　　在凉爽宜人的竹窗下面，枕着书本酣然进入梦乡，
　　　　舒舒服服从甜梦中醒来，如水的月光照在毛毡上。

色欲如火炽　名利似糖甜

　　色欲火炽，而一念及病体，便兴似寒灰；名利饴甘，而一想到死时，便味如嚼蜡。故人常忧死虑病，

亦可消幻业而长道心。

今译　　色欲像火一般炽烈难以遏止，
　　　　但一想到得病时的种种痛苦，
　　　　立刻就会欲念顿消心如死灰；
　　　　名利像糖一般甘甜难以抗拒，
　　　　但一想到死亡时的种种惨状，
　　　　就觉得身外之物啊实在乏味。
　　　　因此经常想想病与死的情形，
　　　　就可以消除罪业而增长道心。

退后一步　清淡一分

　　争先的径路窄，退后一步，自宽平一步；浓艳的
滋味短，清淡一分，自悠长一分。

今译　　与别人抢道的时候，自然会觉得道路狭窄，
　　　　让别人先走的时候，自然会觉得道路宽平；
　　　　吃味道浓烈的食物，就会很快生起了腻味，
　　　　吃味道清淡的食物，就会永远地百吃不厌。

归隐无荣辱　得道泯炎凉

隐逸林中无荣辱，道义路上泯炎凉。

今译　远离尘世，隐居山林，
就会忘却人间一切荣耀和屈辱；
抛开俗心，行走正道，
就会忘却人情冷暖和世态炎凉。

身在清凉台上　心居安乐窝中

热不必除，而热恼须除，身常在清凉台上；穷不可遣，而穷愁要遣，心中常居安乐窝中。

今译　天气的炎热无法改变，
但由炎热而导致的烦恼却必须清除，
这样就像置身在清凉台上凉爽无比；
生活的贫穷难以摆脱，
但由贫穷而产生的忧愁却必须忘掉，
这样就像生活在安乐窝中心满意足。

贪得者痛苦无限　知足者幸福无边

　　贪得者，分金恨不得玉，作相怨不封侯。权豪自甘为乞丐。知足者，藜羹旨于膏粱[1]，布袍暖于狐貉。编氓何让于王公[2]。

　　今译　　贪得无厌的人，

　　　　　　　分到了金子还抱怨没有得到宝玉，

　　　　　　　当上了宰相还嫌没有被封为王侯。

　　　　　　　本来是权贵豪门，偏偏把自己变成了乞丐。

　　　　　　　知足常乐的人，

　　　　　　　喝着菜汤也觉得比山珍海味鲜美，

　　　　　　　穿着布袍也感到比毛皮大衣暖和。

　　　　　　　这样的平民百姓，哪一点比不上王公贵族？

　　注释　　[1] 藜羹：用藜菜作的羹。泛指粗劣的食物。膏粱：肥美的食物。

　　　　　　　[2] 编氓（méng）：编入户籍的平民。

孤云无心出岫　圆月自在悬空

　　孤云出岫，去留一任其自然；朗镜悬空，妍丑两忘于所照。[1]

今译　一片孤云从山谷中飘了出来，

　　　它是那么悠闲地飘来飘去，了然无牵又无挂；

　　　一轮圆月像明镜般悬在夜空，

　　　它是那么平等地映照万物，不管是美还是丑。

注释　[1]“孤云”四句：一本作：“孤云出岫，去留一无所
　　　系；朗镜悬空，静躁两不相干。”

❧　饥来吃饭困来眠　眼前景致口头语

　　禅宗曰：“饥来吃饭倦来眠。”[1]诗旨曰：“眼前景
致口头语。”盖极高寓于极平，至难出于至易；有意者
反远，无心者自近也。

今译　佛教禅宗里面有一句名言：

　　　“饥来吃饭倦来眠。”

　　　诗林词坛里面有一个宗旨：

　　　“眼前景致口头语。”

　　　最高深的道理往往存在于最平凡的事情，

　　　最玄妙的东西往往存在于最平易的地方。

　　　刻意追求它反而难以如愿，

无心寻找它自然近在眼前。

注释　[1]"饥来"句：大珠慧海禅师语。明王阳明诗："饥来
　　　　吃饭倦来眠，只此修行玄更玄。说与世人浑不信，
　　　　却由身外觅神仙。"

水流石无声　山高云不碍　🍃

　　水流而石无声，得处喧见寂之趣；山高而云不碍，
悟出有入无之机。

今译　溪水哗哗地流淌，而水中的石头却悄然无声息，
　　　　由此体会到处在喧闹的环境中保持寂静的意趣；
　　　　山峰高高地耸立，而天上的云彩仍自在地飘过，
　　　　由此领悟到脱离障碍进入空灵自由的无我禅机。

心灵无染是仙都　心有牵挂成苦海　🍃

　　山林是胜地，一营恋便成市朝；书画是雅事，一
贪痴便成商贾。盖心无染着，欲界是仙都；心有挂牵，
乐境成苦海矣。

今译　　山林本是隐居的好地方，但如果你有了私心杂念，
　　　　山林也就转变成了俗市；欣赏书画是高雅的行为，
　　　　但如果有了贪求和痴恋，那就和商人没有了两样。
　　　　所以只要心地纯真不染，即使在欲望涌动的地方，
　　　　也如同置身在仙境一样；如果心中牵挂贪执太多，
　　　　即使在快乐的环境里面，也和在苦海中生活一样。

　　　　闹时忘所记　静时现所忘

　　时当喧杂，则平日所记忆者，皆渺尔若遗；境在
清宁，则夙昔所忽忘者[1]，又恍然自现，可见静躁稍
分，即昏明自异也。

今译　　当你处在喧闹嘈杂的环境中，
　　　　则平时脑子里所记忆的东西，
　　　　都会模模糊糊忘得干干净净；
　　　　当你处在清静安宁的环境中，
　　　　那么以前忽然间忘掉的东西，
　　　　又会清清楚楚浮现在脑海里。
　　　　可见人的心境是宁静是浮躁，
　　　　直接决定他的头脑是否清醒。

注释　　[1]夙昔：昔时，往日。

保全天地和气　远离万丈红尘 ❧

芦花被下，卧雪眠云，保全得一窝夜气[1]；竹叶杯中，吟风弄月[2]，躲离了万丈红尘。

今译　以芦花作被，以雪地作床，以云彩作帐，
　　　可以滋养天地之间产生美好心念的和气；
　　　持着竹叶杯，吟咏着清风，玩赏着明月，
　　　早已是远远地离开了那喧嚣的万丈红尘。

注释　[1] 夜气：夜间的清凉之气。也指晚上静思所产生的良知善念。
　　　[2] 吟风弄月：指吟诗作赋之类的文学创作活动。

出世在涉世中　了心在尽心内 ❧

出世之道，即在涉世中，不必绝人以逃世；了心之功，即在尽心内，不必绝欲以灰心。

今译　超凡脱俗的方法，要在世俗红尘中修炼，
　　　不必刻意隔绝人世远远地逃遁到山林里；
　　　了悟心性的功夫，要在尽心做事中体会，

不必完全断绝欲念使形如槁木心如死灰。

闲中无荣辱　静里绝是非

此身常放在闲处，荣辱得失，不受拘牵；此心常安在静中，利害是非，谁能瞒昧。

> 今译　经常使自己的生活保持着闲暇自在，
> 　　　世上的荣辱得失，就不会牵挂在怀；
> 　　　经常使自己的心灵保持着平静淡定，
> 　　　红尘的利害是非，就看得清楚明白。

云中世界美　静里乾坤长

竹篱下，忽闻犬吠鸡鸣，恍似云中世界；芸窗中[1]，偶听蝉吟燕语，方知静里乾坤[2]。

> 今译　竹篱下边，正领略山村的野景，
> 　　　不经意间传来了几声犬吠鸡鸣，
> 　　　好像到了远离尘世的神仙世界；

芸窗里面，正专心惬意地读书，

偶然间听到蝉儿吟唱燕语呢喃，

才发觉这世界原来是如此宁静。

注释　　[1] 芸窗：指代书房。芸，古人藏书用的一种香草。

　　　　[2] 乾坤：天地。唐杜甫《江汉》："江汉思归客，乾坤
　　　　　一腐儒。"

春到百花美　秋来万象清

　　春日气象繁华，令人心神骀荡[1]，不若秋时云白烟青，兰芳桂馥，水天一色，上下空明，使人神骨俱清也。

今译　　春天万象更新景色繁华，使人精神畅逸心旷神怡；
　　　　但却不如秋天，白云飘飞，兰花馥郁，桂花飘香，
　　　　水天一色，天地之间一片澄澈清明，
　　　　使人的身体和精神都爽朗无比，轻快异常。

注释　　[1] 骀（dài）荡：怡悦。

一字不识有诗意　一偈不参悟禅机

一字不识而有诗意者，得诗家真趣；一偈不参而有禅味者[1]，悟禅教玄机[2]。

今译　一字不识，说话却充满了诗意，

这才是得到了诗家的真正趣味；

一偈不参，做事却流露着禅味，

这才是悟出了禅学的深妙玄机。

注释　[1] 偈（jì）：佛经、禅语中的唱词和诗句。

[2] 玄机：深不可测的道理。

身如不系之舟　心似已灰之木

身如不系之舟[1]，一任流行坎止[2]；心似既灰之木，何妨刀割香涂[3]。

今译　身体像没有系上缆绳的小船，任凭漂流或者静止；

内心如已经焚烧成灰的树木，荣辱统统都不在乎。

注释　[1] 不系之舟：比喻自由自在。语出《庄子·列御寇》：

"巧者劳而智者忧，无能者无所求，饱食而遨游，
泛若不系之舟，虚而遨游者也。"

[2] 流行坎止：乘流则行，遇坎而止。比喻根据环境顺
逆而进退行止。

[3] 刀割香涂：用刀子割身体，用香涂身体。禅者定力
深厚，对这两者等而视之。《永嘉集》："身与空相
应，则刀割香涂，何苦何乐？"释迦牟尼佛在因地
修行时，被歌利王用刀割截肢体，但佛陀早已证得
了身空，没有起任何嗔恨，而是慈悲地发大誓愿去
救度他。

去除偏私心　万物皆美丽

　　人情听莺啼则喜，闻蛙鸣则厌，见花则思培之，
遇草则欲去之。俱是以形气用事。若以性天视之，何
者非自鸣其天籁，自畅其生意也？

今译　人之常情是听见莺啼声就喜欢，听到蛙鸣声就讨厌，
世之常态是看到花就想去养护，看到草就想去清除，
这些都不过是看中了外表皮相，凭着感官意气用事。
如果能抛开好恶之心一己之意，从自然的本质来看，
哪个不是自然界的美妙的声音，哪个不是充满生意？

欲深者浑身躁动　心静者透体清凉

欲其中者，波沸寒潭，山林不见其寂；虚其中者，凉生暑夜，朝市不知其喧。

今译　充满私欲而心浮气躁的人，

即使置身寒冷的深潭，心中也会波涛起伏；

即使置身幽寂的山林，心中也会躁动不安。

无欲无求而心志清明的人，

即使身处酷热夏夜，也照样通身凉爽，

即使身处热闹集市，也仍然不为嘈杂所扰。

花居盆内乏生机　鸟入笼中减天趣

花居盆内，终乏生机；鸟入笼中，便减天趣。不若山间花鸟，错集成文，翱翔自若，自是悠然会心。

今译　花被栽在盆里就缺乏自然生机，

鸟被关进笼中就减少天然情趣。

它们怎能比山间的野花和野鸟，

采集着大自然的美艳编织花纹，

应和着大自然的天籁逍遥舞蹈，

看起来令人悠然会心神游天外。

不知有我物不贵　知身非我愁不侵

　　世人只缘认得"我"字太真，故多种种嗜好，种种烦恼。前人云："不复知有我，安知物为贵？"又云："知身不是我，烦恼更何侵？"真破的之言也[1]。

今译　世俗之人把"我"看得太重，

才会产生千般嗜好、万种烦恼。

古人说：

"假如已经不知道有我的存在，

又如何能知道外物的可贵呢？"

又说道：

"假如明白就连身体也非我所有，

还有什么样的烦恼能够侵害我？"

说得真是鞭辟入里，切中要害。

注释　[1] 破的：箭身中靶子。此指语言正中要害。

以失意之心　销得意之念

　　自老视少，可以消奔驰角逐之心[1]；自瘁视荣[2]，可以绝纷华靡丽之念。

　　今译　如果能以年老时来看年轻时，
　　　　　　自然就能够消除追名逐利的心理；
　　　　　　如果能以没落时来看荣华时，
　　　　　　自然就可以消除追求荣华的念头。

　　注释　[1] 奔驰角逐：指奔波劳碌，争名夺利。
　　　　　　[2] 瘁（cuì）：憔悴，枯槁。

人情世态　不宜太真

　　人情世态，倏忽万端，不宜认得太真。尧夫云："昔日所云我，而今却是伊。不知今日我，又属后来谁？"[1]人常作如是观，便可解却胸中罥矣[2]。

　　今译　人情冷暖，世态炎凉，瞬息万变，不要过于认真。
　　　　　　宋代大儒邵雍说得好：
　　　　　　"以前所谓的我，如今却变成了他。

不知今天的我，到头来又变成谁?"

一个人如果能经常这么想，

自然能够消除心中的一切烦恼。

注释　[1] 尧夫：邵雍，字尧夫，北宋著名理学家、数学家、

诗人。"昔日"四句：出自邵雍《寄曹州李审言

龙图》。

[2] 罥（juàn）：结，牵系。

寻常家饭　安乐窝巢

有一乐境界，就有一不乐的相对待；有一好光景，就有一不好的相乘除[1]。只是寻常家饭，素位风光[2]，才是个安乐的窝巢。

今译　只要有一个快乐舒适的境界，

就会有不快乐的境界来比较；

只要有一个美好得意的光景，

就会有不美好的光景来抵消。

由此可以明白这样一个道理，

就是有乐必有苦有好必有坏。

所以只有家常便饭和此刻风光，

才是人世间真正安乐的归宿。

注释　[1] 乘除：消长。

　　　　[2] 素位：现在所处之地位。此指安于本分，不作分外
妄想。语出《礼记·中庸》："君子素其位而行，
不愿乎其外。"

识乾坤之自在　知物我之两忘

帘栊高敞[1]，看青山绿水吞吐云烟，识乾坤之自在；
竹树扶疏，任乳燕鸣鸠送迎时序[2]，知物我之两忘[3]。

今译　卷起窗帘远眺，看到烟笼雾罩青山绿水，
才明白大自然多么美好自在；
竹树摇曳生姿，小燕鸣鸠冬去春来，
才懂得身心与自然合而为一。

注释　[1] 栊：宽大的有格子的窗户。

　　　　[2] 乳燕鸣鸠：燕与鸠都是候鸟，秋天南飞，春天北
飞。此代表春秋季节。时序：季节，时节。

　　　　[3] 物我：彼此，外物与己身。

求成之心莫太坚　养生之道贵自然

知成之必败，则求成之心不必太坚；知生之必死，则保生之道不必过劳。

今译　知道有成功就必然有失败，就不必强求一定成功；
　　　知道有生长就必然有死亡，就不必过度追求养生。

竹影扫阶尘不动　月轮穿沼水无痕

古德云："竹影扫阶尘不动，月轮穿沼水无痕。"[1]吾儒云："水流任急境常静，花落虽频意自闲。"人常持此意，以应事接物，身心何等自在。

今译　古代的高僧大德说：
　　　"竹影扫阶尘不动，月轮穿沼水无痕。"
　　　儒家的学者说：
　　　"水流任急境常静，花落虽频意自闲。"
　　　一个人如能用这样的态度来待人接物，
　　　那么他的身心将会是何等的悠然自在。

注释　　[1]"竹影"二句：这是唐代雪峰和尚的上堂语。见
　　　　　《五灯会元》卷六。

识天地自然鸣佩　见乾坤最上文章

　　林间松韵，石上泉声，静里听来，识天地自然鸣佩[1]；草际烟光[2]，水心云影，闲中观去，见乾坤最上文章。

今译　　林里的苍松发出海涛般的和鸣，
　　　　石上的山泉发出玉佩般的脆响。
　　　　只要用恬淡而宁静的心来聆听，
　　　　就知道这是大自然的美妙乐音；
　　　　绵绵的芳草笼罩于濛濛的雾霭，
　　　　娟娟的彩云倒映在澄明的湖心。
　　　　只要用清闲而淡泊的心来欣赏，
　　　　就知道这是大自然的最美文章。

注释　　[1]鸣佩：古时仕女常用美玉系在衣带上作为饰物，行
　　　　　走时玉石相击触发出清脆的声响。
　　　　[2]烟光：形容天地间迷濛的景色。

猛兽易服心难降　溪壑易填心难满

　　眼看西晋之荆榛，犹矜白刃；身属北邙之狐兔[1]，尚惜黄金。语云："猛兽易伏，人心难降；溪壑易填，人心难满。"信哉！

今译　西晋末年眼看就要发生亡国大祸，
　　　　此身能不能够得以保全还很难说，
　　　　可是高官贵族还在那里炫耀武力；
　　　　汉代皇族死后大多数葬在北邙山，
　　　　尸体都会和山中狐兔之类来相伴，
　　　　可是未死之前还在那里聚敛财富。
　　　　俗谚说：
　　　　"猛兽易伏，人心难降；
　　　　溪壑易填，人心难满。"
　　　　这真是千真万确啊！

注释　[1] 北邙：洛阳以北有山曰北邙，从汉代开始富贵人家
　　　　　　死后多葬此山。狐兔：比喻坏人、小人。

心地上无风涛　性天中有化育

心地上无风涛，随在皆青山绿水；性天中有化育[1]，触处见鱼跃鸢飞[2]。

今译　只要心湖中不起风浪波涛，到处都是青山绿水；
　　　　只要本性中保存慈心爱意，到处可见鱼跃鸢飞。

注释　[1] 化育：指自然界生成万物。此指先天善良的德性。
　　　　《礼记·中庸》："赞天地之化育。"
　　　　[2] 鱼跃鸢飞：比喻自由自在的活泼生机。语出《诗
　　　　经·大雅·旱麓》："鸢飞戾天，鱼跃于渊。"

自适其性

峨冠大带之士[1]，一旦睹轻蓑小笠飘飘然逸也[2]，未必不动其咨嗟；长筵广席之豪[3]，一旦遇疏帘净几悠悠焉静也，未必不增其绻恋。人奈何驱以火牛诱以风马[4]，而不思自适其性哉？

今译　头戴高冠腰拖玉带的达官贵人，
　　　　一旦看到身穿蓑衣斗笠的平民，

所表现出来的飘然安逸的神态，

难免会发出无官一身轻的感叹；

终日周旋于奢侈宴席间的富豪，

一旦看到简洁竹帘与明净几席，

所表现出来的恬淡宁静的情趣，

不由得产生流连不忍返的感觉。

高官厚禄与富贵荣华既不足贵，

为什么还要殚精竭虑地追逐它？

为什么不考虑过一种悠然自适，

而能够恢复本来天性的生活呢？

注释　[1] 峨冠大带：高冠与宽幅之带，为古代高官所穿的朝服。

[2] 轻蓑小笠：蓑指用草或蓑叶编制的雨衣，笠是用竹皮或竹叶编成用来遮日或遮雨的用具。喻平民百姓的衣着。

[3] 长筵广席：形容宴客场面的奢侈豪华。

[4] 火牛：牛双角缚兵刃，尾部束苇灌脂，焚之，便冲杀敌军。典出《史记·田单列传》。此比喻放纵欲望，追逐富贵。宋陆游《秋思》："利欲驱人万火牛，江湖浪迹一沙鸥。"风马：发情的马。此喻欲望。

◎ 脱物累　乐天机

鱼得水逝，而相忘乎水[1]；鸟乘风飞，而不知有风。识此可以超物累，可以乐天机。

> **今译**　鱼只有在水中才能逍遥地游，
> 但是它却忘记自己置身水中；
> 鸟只有借风力才能自由地飞，
> 但是它却不知自己置身风里。
> 人如果能看清这里面的道理，
> 就可以得到无穷无尽的受用：
> 既可以超然于物欲诱惑之外，
> 又可以享受真正的人生乐趣。

> **注释**　[1] 逝：游，行。

◎ 盛衰无常　强弱安在

狐眠败砌，兔走荒台，尽是当年歌舞之地；露冷黄花，烟迷衰草，悉属旧时争战之场。盛衰何常？强弱安在？念此令人心灰！

今译　　狐狸在荒废的台阶上睡觉，
　　　　野兔在废弃的亭台上奔跑，
　　　　都是当年歌舞升平的地方；
　　　　黄菊在寒风凉露之中发抖，
　　　　枯草在悲烟愁雾之中摇曳，
　　　　都是古代英雄争霸的战场。
　　　　兴衰成败竟是如此的无常，
　　　　强弱胜负啊又到底在何方？
　　　　每当想起这世间荣枯迁谢，
　　　　就使人心灰意冷无限感伤！

宠辱不惊　去留无意

　　宠辱不惊，闲看庭前花开花落[1]；去留无意，漫随天外云卷云舒。

今译　　对于一切恩宠和羞辱都无动于衷，
　　　　悠然自得地欣赏庭院前花开花落。
　　　　花开如荣花落似辱，都是自然现象，何必缠怀？
　　　　离开或停留都毫不在意，
　　　　逍遥自在地观看天空里浮云卷舒。
　　　　云卷如留云舒似去，了无勉强之心，何必萦怀？

注释　　[1] 花开花落: 明屠隆《娑罗馆清言》卷上亦云: "春
来尚有一事关心, 只在花开花谢。"

🍃 不行坦途走绝路　飞蛾投火鸱嗜鼠

晴空朗月, 何处不可翱翔, 而飞蛾独投夜烛; 清
泉绿果, 何物不可饮啄, 而鸱枭偏嗜腐鼠[1]。噫! 世
之不为飞蛾鸱枭者, 几何人哉?

今译　　晴空万里皓月当空, 哪里不能自由飞翔?
可是飞蛾真是奇怪, 偏要投火自取灭亡!
清冽泉水翠绿瓜果, 什么不能填饱肚子?
可猫头鹰真是奇怪, 偏要吃腐臭的死鼠。
唉! 人的行径不像飞蛾鸱枭那样荒唐的,
在这纷扰的红尘之中又究竟能有几个呢?

注释　　[1] 鸱枭偏嗜腐鼠: 语出《庄子·齐物论》: "民食刍
豢, 麋鹿食荐, 蝍蛆甘带, 鸱鸦嗜鼠, 四者孰知正
味。"比喻爱好各有不同。鸱 (chī) 枭, 猫头鹰,
常比喻贪恶之人。

超越物累　才得禅理

才就筏便思舍筏[1]，方是无事道人[2]；若骑驴又复觅驴[3]，终为不了禅师。

今译　刚刚踏上了船筏，就想着在过河后把船筏抛弃，这才是深谙禅理，不为语言文字所牵累的悟者；已经骑着一匹驴，却不知身在驴上而又去找驴，终究是不明禅理，难以根本上获得解脱的禅师。

注释　[1] 筏：竹制的渡河工具。筏是用来载人渡河的，渡过河之后就要将它舍去。犹如指是用来指月的，如果见到了月亮，就可以忘却指的存在。《金刚经》："知我说法，如筏喻者。"

[2] 无事道人：不为事物牵累而悟道的人。《碧岩录》二十五则："便请高挂钵囊，拗折挂杖，管取一员无事道人。"

[3] 骑驴又复觅驴：明陈实《大藏一览》："参禅有二病，一是骑驴觅驴，一是骑不肯下。"骑驴觅驴比喻愚人不知自身本具纯真人性而更欲向外寻找。南朝宝志《大乘赞》："若欲有情觅佛，将网上山罗鱼。不解即心即佛，真似骑驴觅驴。"禅宗强调息妄显真，直指人心，明心见性，离此宗旨向外求觅解脱之道，便是骑驴觅驴，或骑牛觅牛。《传灯录》

九载，福州大安禅师访百丈怀海禅师，问："学人欲求识佛，何者即是?"百丈当即呵斥："大似骑牛觅牛。"大安日后有悟，复问："识后如何?"百丈即答："如人骑牛至家。"宋黄庭坚《寄黄龙清老》亦有"骑驴觅驴但可笑"之语。

冷眼观成败　冷情看是非

权贵龙骧[1]，英雄虎战。以冷眼视之，如蚁聚膻，如蝇竞血；是非蜂起，得失猬兴[2]。以冷情当之，如冶化金，如汤消雪。

今译　达官贵人像龙一般飞舞腾跃，
英雄好汉像虎一般一决雌雄。
冷眼旁观，就像蚂蚁聚于膻腥，苍蝇为血争斗。
是非像群蜂飞舞纷纷扰扰，
得失如刺猬针毛此起彼伏。
冷静分析，就如同熔炉冶炼金属，沸水融化冰雪。

注释　[1] 龙骧：昂举腾跃貌。
[2] 猬：同"猬"，刺猬。

生可哀　亦可乐

羁锁于物欲，觉吾生之可哀；夷犹于性真[1]，觉吾生之可乐。知其可哀，则尘情立破；知其可乐，则圣境自臻。

今译　被物质欲望束缚，会觉得生命可悲；

悠游于纯真本性，才觉得生命可爱。

知道什么事情可悲，尘世的欲望就立刻可以消除；

知道什么事情可爱，神圣的境界就自然能够达到。

注释　[1] 夷犹：从容自得。

胸中无欲　眼里空明

胸中物欲，半点都无，已如雪消炉焰冰消日；眼里空明，一段自在，时见月在青天影在波。

今译　心中的物质欲望，一丝一毫都没有，

就像炉火把雪花消融，太阳将冰块融化。

眼里的空旷境界，时时处处都自在，

就像皓月悬挂在夜空，月影投映在水里。

诗思霸桥上　野兴镜湖边

诗思在霸陵桥上[1]，微吟就[2]，林岫便已浩然[3]；野兴在镜湖曲边[4]，独往时，山川自相映发[5]。

今译　作诗的情致成于霸陵桥上，吟咏才就，

山林峰峦仿佛也感染诗意，壮阔豪迈；

野逸的情趣在于镜湖水边，独往之时，

清澈水面倒映着层层山峰，多么秀美。

注释　[1]霸陵桥：即霸桥。灞水西高原上有汉文帝霸陵，故称。《北梦琐言》记郑棨语：“诗思在霸桥雪中驴子上。”

[2]微吟：小声吟咏。

[3]林岫便已浩然：《世说新语·言语》：“道壹道人好整音辞，从都下还东山，经吴中，已而会雪下，未甚寒。诸道人问在道所经，壹公曰：‘风霜固所不论，乃先集其惨澹；郊邑正自飘瞥，林岫便已浩然。’”

[4]镜湖：在浙江省绍兴会稽山北麓。水平如镜，故名。

[5]"山川"句：《世说新语·言语》："王子敬云：'从
山阴道上行，山川自相映发，使人应接不暇。'"映
发，辉映。按：此则亦见于明李鼎《偶谭》。

伏久者飞必高　开先者谢必早

伏久者飞必高，开先者谢必早。知此，可以免蹭
蹬之忧[1]，可以消躁急之念。

今译　　潜伏得越久的鸟，飞得也会越高；
　　　　花朵盛开得越早，谢得也会越快。
　　　　知道了这个道理，
　　　　就不必要为怀才不遇而忧愁，
　　　　就可以消除急躁求进的念头。

注释　　[1] 蹭蹬（cèng dèng）：失势，困顿。

荣华只一时　玉帛归泡影

树木至归根日[1]，而后知花萼枝叶之徒荣；人事
至盖棺，而后知子女玉帛之无益。

今译　树木只有到了落叶飘零，归根化作腐土的时候，

才知枝叶繁茂花朵鲜艳，只不过是短暂的荣华；

世人只有到了无常来到，钉上棺木盖子的时候，

才知子女儿孙金银财富，和自己没有什么关系。

注释　[1] 归根：结局，归宿。《传灯录》："六祖慧能涅槃时
答众曰：'落叶归根，来时无日。'"

　　　　纵欲也是苦　绝欲也是苦

真空不空。执相非真，破相亦非真，问世尊如何
发付[1]？在世出世。徇欲是苦[2]，绝欲亦是苦，听吾
侪善自修持。

今译　真正的"空"并不是什么也没有：

执着于事物的表相不能悟到真谛，

破除所有事相也同样没悟到真谛，

请问佛祖您怎样来解释这个道理？

虽然身处在俗世也可以超脱俗世：

追求欲望会带来很大的危害痛苦，

而断绝一切欲望也同样让人痛苦，

到底怎么办要看我们修行的功夫。

注释　[1] 发付: 对付, 解决。

[2] 徇: 追求。

人品地位有尊卑　贪求忧虑无二致

烈士让千乘[1], 贪夫争一文, 人品星渊也[2], 而好名不殊好利; 天子营家国, 乞人号饔飧[3], 分位霄壤也[4], 而焦思何异焦声。

今译　道义强的人, 能把千辆兵车的权势拱手让人;
贪心重的人, 能对一文小钱的微利争夺不休:
就人的品德修养来说, 他们确实有天渊之别。
道义强的人贪求名声, 贪欲重的人喜爱金钱,
他们都有贪求与喜好, 在本质上并没有不同。
当皇帝的人, 为了统治好国家而苦苦地经营;
当乞丐的人, 为了把肚子填饱而哀哀地泣号:
就人的地位权势来说, 他们确实有天渊之别。
当皇帝的人苦心焦思, 当乞丐的人沿门哀号,
他们都有焦虑与痛苦, 在本质上并没有区别。

注释　[1] 烈士: 重视道义节操的人。

[2] 星渊: 天上的星与地下的深潭。形容差别极大。

[3] 饔飧 (yōng sūn): 饔, 早餐。飧, 晚餐。泛指食物。

[4] 霄壤：天与地。形容差别极大。

人情变化懒开眼　呼牛唤马只点头

饱谙世味，一任覆雨翻云，总慵开眼；会尽人情，随教呼牛唤马^[1]，只是点头。

今译　饱经了世态的风雨炎凉，对酸甜苦辣都没有兴趣。
一任人情世态反复无常，都懒得睁眼去观看是非；
看穿了人情的冷暖变化，对毁谤赞誉都无动于衷。
人们呼牛唤马地吆喝我，我也会若无其事地点头。

注释　[1] 呼牛唤马：《庄子·天道》：“呼我牛也而谓之牛，呼我马也而谓之马。”按：明吴从先《小窗自纪》亦云：“应以马，应以牛，到处有游仙之乐。”可与此互参。

不为念想束缚　即是无念功夫

今人专求无念，而终不可无。只是前念不滞，后念不迎，但将现在的随缘打发得去，自然渐渐入无。

今译　今人一心想要做到心无杂念，
　　　可是始终不能够做到这一步。
　　　只要以前的念头不留存心中，
　　　未来的事情也不去忧虑担心，
　　　只要顺其自然解决眼前之事，
　　　就会杂念渐消进入无念之境。

意所偶会成佳境　物出天然见真机

　　意所偶会便成佳境，物出天然才见真机，若加一分调停布置，趣意便减矣。白氏云："意随无事适，风逐自然清。"有味哉！其言之也。

今译　事情偶合意就是最佳境界，
　　　东西出天然才显纯朴韵致。
　　　如果增加一分人工的修饰，
　　　就会大大减低了天然趣味。
　　　所以白居易有一联诗说道：
　　　"意随无事适，风逐自然清。"
　　　真是值得玩味的至理名言。

彻见自性不必谈禅

性天澄澈，即饥餐渴饮，无非康济身心[1]；心地沉迷，纵谈禅演偈[2]，总是播弄精魂。

今译 本性纯真明澈的人，饿了就吃渴了就喝，
不过是为身心健康；心地沉迷贪欲的人，
纵使谈禅理颂偈语，也只是卖弄小聪明。

注释 [1]康济：保养。此指增进健康。
[2]演偈：解释佛家的偈语。

人心有真境　自得其中乐

人心有个真境，非丝非竹而自恬愉，不烟不茗而自清芬。须要念净境空，虑忘形释[1]，才得以游衍其中[2]。

今译 每个人内心都有真实美妙的境界，
不需要丝竹管弦也觉得恬静愉快，
不需要燃香饮茶也有着清新芳馨。
须意念干净，境界空明，

忘掉一切烦恼，身体完全放松，

才能自由自在充分体验享有。

注释　[1] 形释：指躯体的解脱。

　　　[2] 衍：从容自如，不受拘束。

真不离幻　雅不离俗

金自矿出，玉从石生，非幻无以求真；道得酒中，
仙遇花里，虽雅不能离俗。

今译　黄金从矿山中开采出来，美玉从石头中琢磨出来：

　　　不经过虚幻，就得不到真实；

　　　仙风道骨可从酒中获得，神仙雅士在声色中逍遥：

　　　纵是高雅，也不必脱离尘俗。

俗眼观来万物异　道眼观来万物同

天地中万物，人伦中万事，世界中万物，以俗眼观
纷纷各异；以道眼观种种是常。何须分别，何须取舍？

今译　天地宇宙中的万事万物，人与人之间的复杂感情，
　　　红尘世界里的种种事件，如果用世俗之眼去观察，
　　　变幻不定令人眼花缭乱；如果用悟道之眼去观察，
　　　盛衰成败没有什么不同。可见不论对人对物对事，
　　　都要用平等的心来对待，又何必非要去分别取舍？

　　　天地冲和气美　　人生淡泊真纯

　　神酣布被窝中，得天地冲和之气；味足藜羹饭后，
识人生淡泊之真。

今译　只要安然舒畅地睡在粗布棉被中，
　　　就可以去吸收天地间的和顺之气；
　　　只要快乐地满足于粗茶淡饭，
　　　就能够体会淡泊人生的真实乐趣。

　　　能休尘境为真境　　未了僧家是俗家

　　缠脱只在自心，心了则屠肆糟廛[1]，居然净土。
不然，纵一琴一鹤，一花一卉，嗜好虽清，魔障终在。
语云："能休尘境为真境，未了僧家是俗家。"[2]信夫！

今译　被世俗所束缚，还是从中解脱，

完全取决于我们的心灵。

如果心中领悟，那么肉店酒坊也会变成清净之地。

如果不能领悟，纵使是和琴鹤为伍，和花草为伴，

爱好虽然称得上清雅，妨碍解脱的魔障还在。

宋儒邵雍诗中说：

"能休尘境为真境，未了僧家是俗家。"

这话说得多好啊！

注释　[1] 肆：作坊，店铺。廛（chán）：泛指民居、市宅。

[2] "能休"二句：出自宋邵雍《击壤集》卷五。

万虑都捐　一真自得

斗室中万虑都捐，说甚画栋飞云，珠帘卷雨[1]；三杯后一真自得，惟有素琴横月，短笛吟风。

今译　住在狭窄的小屋里，抛弃了所有私欲杂念，

哪里还羡慕什么画栋入云、珠帘卷雨？

三杯酒下肚子之后，不由得真情至性流露，

只管在月光下弹琴，迎着清风吹弄着短笛。

注释　[1] 画栋飞云，珠窗卷雨：此形容奢华、精致的生活。

唐王勃《滕王阁序》："画栋朝飞南浦云，珠窗暮
卷西山雨。"

天性未常枯槁　机神最宜触发

万籁寂寥中，忽闻一鸟弄声，便唤起许多幽趣；
万卉摧剥后，忽见一枝擢秀[1]，便触动无限生机。可
见天性未常枯槁，机神最宜触发。

今译　天地间归于寂静，忽然听到一阵悦耳鸟鸣，
　　　便唤起许多幽雅的情趣；
　　　深秋时花草凋枯，忽然见到花草亭亭玉立，
　　　便触动无限蓬勃的生机。
　　　可见万物的本性并不一直枯萎，
　　　玄妙的机趣随时都会被触发。

注释　[1] 擢（zhuó）秀：草木欣欣向荣。

善操身心　收放自如

白氏云："不如放身心，冥然任天造。"晁氏

云[1]："不如收身心，凝然归寂定。"放者流为猖狂，收者入于枯寂。唯善操身心者，把柄在手，收放自如。

今译　白居易的诗说：
"不如放身心，冥然任天造。"
晁补之的诗说：
"不如收身心，凝然归寂定。"
放任身体心灵，容易使人有狂放自大的弊端；
约束身体心灵，容易走入枯槁死寂。
只有妥善操控自己身心的人，
才可能掌握不温不火的尺度。
到了这个地步他对所有事情，
全都能够有收有放得心应手。

注释　[1]晁氏：宋人晁补之，字无咎。慕陶渊明而修归来园，自号归来子。

自然人心　融合无间

当雪夜月天，心境便尔澄澈；遇春风和气，意界亦自冲融[1]。造化人心，混合无间。

今译　夜晚，雪光皎洁，皓月舒光，人的心境也随之清澈明净；
春天，暖风吹拂，和气融融，
人的情绪也随之和舒淡泊。
可见大自然和人类的心灵，
本来就息息相通浑然一体。

注释　[1] 意界：意境，境界。冲融：充溢弥漫。

文以拙进　道以拙成

　　文以拙进，道以拙成，一拙字有无限意味。如桃源犬吠，桑间鸡鸣，何等淳庞。至于寒潭之月，古木之鸦，工巧中便觉有衰飒气象矣。

今译　写作文章要质朴实在才能有进步，
修养道义要真诚自然才能够修成，
可见拙这个字里面实在奥妙无穷。
恰如陶潜《桃花源记》中所说的：
"乡间的小路纵横交叉四通八达，
桑树间的鸡犬声远远都能听到。"
这是一种多么淳厚古朴的神韵啊！
至于清冷深潭中倒映着一轮月影，
枯槁老树上栖息着几只乌鸦，

看似极尽工巧，充满诗情画意，

实际却现出一派萧条衰败的气象。

应以我转物　莫以物转我

以我转物者[1]，得固不喜，失亦不忧，大地尽属逍遥；以物役我者[2]，逆固生憎，顺亦生爱，一毛便生缠缚。

今译　以我为中心来主宰外物，得到了仍然淡定不狂喜，

失去了照样平静不挂怀。在宽广无边的天地之间，

任何地方都能逍遥自在。失去自我而受外物操纵，

挫折时固然会产生怨恨，得意时却又会产生贪恋。

哪怕是鸡毛蒜皮的小事，也使他的身心困扰不已！

注释　[1] 以我转物：以我为中心来推动和运用一切事物。即

　　　　我为万物的主宰。转，支配。

　　　　[2] 以物役我：以物为中心，而我受物质的控制。

理寂则事寂　心空则境空

理寂则事寂，遣事执理者[1]，似去影留形；心空则境空，去境存心者，如聚膻却蚋。

今译　道理归于空寂，事情也归于空寂。

如果舍弃事情而执着于道理，

就像去掉影子而留下形象般不妥；

内心保持空寂，外境也随着空寂。

如果舍弃外境而执着于内心，

就像聚集膻臭来驱赶蚊蝇般可笑。

注释　[1] 遣事：排解，排除，放弃事物。

幽人韵事在自适　拘形泥迹落苦海

幽人韵事总在自适，故酒以不劝为欢，棋以不争为胜，笛以无腔为适，琴以无弦为高，会以不期约为真率，客以不迎送为坦夷[1]。若一牵文泥迹[2]，便落尘世苦海矣！

今译　幽雅的人事事风韵，而且适应自己本性。

喝酒只是为了自适，以不必劝饮为欢乐；

下棋只是为了消遣，以不争胜败为获胜；

撚笛只是为了娱情，以不拘腔调为愉悦；

弹琴只是出于爱好，以不设琴弦为高妙；

会友只是出于兴致，以不须预约为真挚；

迎送只是出于心意，以不用起身为自然。

假如受到世俗影响，拘泥于所作与所为，

就会落入尘世苦海，而毫无情趣可言了。

注释　[1] 坦夷：坦率平易。

　　　[2] 牵文：拘泥于字面。泥迹：拘泥于行为、事迹。

思量生前死后事　超越物外游象先 ⟡

试思未生之前，有何相貌；又思既死之后，作何景色？则万念灰冷，一性寂然，自可超物外游象先。

今译　试想想你没有出生之前，你是什么样子？

　　　再想想你归于泥土之后，又是什么情景？

　　　每当想到人生无常，驰逐之心寒冷如灰；

　　　只有那纯明的本性，永远是宁静而无染，

　　　能超脱声色的世界，遨游在天地未生前。

胜负与美丑　一时之幻相

优人傅粉调朱，效妍丑于毫端。俄而歌残场罢，妍丑何存？弈者争先竞后，较雌雄于着子。俄而局尽子收，雌雄安在？

> **今译**　演员歌手在脸上擦胭脂涂口红，
> 用化妆的彩笔来表现美丽丑陋。
> 可转眼之间歌残舞散曲终人去，
> 刚才的美丑又都到哪里去了呢？
> 下棋的人在棋盘上激烈地厮杀，
> 用落下的棋子来决定你高我低。
> 可转眼之间棋局结束棋子收起，
> 刚才的胜败又到底有什么意思？

静者风花主　闲者天地真

风花之潇洒，雪月之空清，唯静者为之主；水木之荣枯，竹石之消长，独闲者识其真。

> **今译**　微风中花朵的身姿潇洒脱俗，

雪夜中明月的光华皎洁空明，

这些都是天地间最美的景致，

只有内心宁静的人才能够成为它的主人；

水位涨涨落落，树木或荣或枯，

竹子节节生长，山石风化变小，

这些都是大自然微妙的过程，

只有意态悠闲的人才能觉察到它的变化。

天性全则欲望淡　虽是凡人亦似仙

　　田父野叟，语以黄鸡白酒则欣然喜，问以鼎食则不知[1]；语以缊袍短褐则油然乐[2]，问以衮服则不识[3]。其天全，故其欲淡，此是人生第一境界。

　　今译　和老农野夫闲谈，

每当谈到黄鸡白酒农家乐时，就兴高采烈；

如果问起山珍海味好酒好菜，则全然不知。

每当谈乱麻袍子和粗布短衣时，就显得舒坦欢乐；

假如聊起黄袍紫蟒贵族衣服，则一无所知。

他们保全了纯朴自然的本性，所以欲望才如此淡泊。

这才是人生第一等境界啊！

注释　[1] 鼎食：列鼎而食，指富贵人家的奢华生活。

　　　[2] 缊（yùn）袍：以乱麻为絮的袍子。指贫穷之人所穿
　　　　　的衣服。短褐（hè）：粗布短衣。也指贫贱者所穿
　　　　　之衣。

　　　[3] 衮服：帝王或上公穿的绘有龙纹的礼服。

观心增障碍　齐物破完整

心无其心，何有于观。释氏曰观心者，重增其
障；物本一物，何待于齐。庄生曰齐物者[1]，自剖
其同。

今译　内心假如没有产生妄念，哪还用得着观察什么心？
　　　佛家所谓观心，反而增加了修持的障碍；
　　　世间万物本来就是一体，哪还用得着强求什么一？
　　　庄子所谓齐一，反而分割了万物的完整。

注释　[1] 齐物：庄子认为，宇宙间一切事物，如生老病死、
　　　　　是非得失、物我有无，都应当用等看待。

达人撒手悬崖　俗士沉身苦海

　　笙歌正浓处，便自拂衣长往[1]，羡达人撒手悬崖；
更漏已残时[2]，犹然夜行不休，笑俗士沉身苦海。

今译　　当酣歌艳舞达到了高潮的时候，
　　　　　通达的人就会毫不留恋地离开，
　　　　　他们能在这紧要关头猛然回头，
　　　　　其定力的坚强实在是令人羡慕；
　　　　　当更漏已滴完天色快要放亮时，
　　　　　钻营的人仍忙于奔走无暇休息，
　　　　　他们因欲望而坠入无边的苦海，
　　　　　其举止的荒唐实在是令人叹息。

注释　　[1] 拂衣长往：毫不留恋。
　　　　　[2] 更漏已残：形容夜已深沉。更，古代将一夜分为五
　　　　　　　更，每更约两小时。

心未定时绝尘嚣　心既定后混风尘

　　把握未定[1]，宜绝迹尘嚣，使此心不见可欲而不
乱，以澄吾静体[2]；操持既坚，又当混迹风尘，使此

心见可欲而亦不乱，以养吾圆机^[3]。

今译　　当心志还不坚定难以把握时，
　　　　　就应该远离红尘世界的诱惑，
　　　　　让自己躲避开引诱人的物欲，
　　　　　才不会使心神迷乱定力丧失，
　　　　　从而使我的身体保持着澄澈；
　　　　　等心坚志定可以自我控制时，
　　　　　就应该进入纷纷扰扰的红尘，
　　　　　让自己直接面对着物质欲望，
　　　　　仍能够抵挡得住物欲的诱惑，
　　　　　从而锻炼好自己圆熟的悟心。

注释　　[1] 把握不定：心志未坚，没有自控能力。
　　　　　[2] 静体：寂静的心的本性。洁净之体。佛教指投身转
　　　　　　　世后的圣洁之体。
　　　　　[3] 圆机：佛教语。见解超脱，圆通机变。

人我一视　动静两忘

喜寂厌喧者，往往避人以求静，不知意在无人，便成我相^[1]；心著于静，便是动根^[2]。如何到得人我一视^[3]、动静两忘的境界？

今译　　喜欢清静讨厌喧嚣的人，往往离群索居求得宁静；

不知一心想着远离人群，实际上早已执着了自我。

如果一心想着寻求安静，就已埋下了躁动的根苗。

人我本来是浑然一体的，而动静同样是相互关联。

只有忘却自我忘却躁动，才能够获得真正的安宁。

注释　　[1] 我相：《金刚经》四相之一。佛教认为是烦恼的
根源。

[2] 动根：动乱之源。

[3] 人我一视：我和别人融为一体，没有区别。

在山泉水清　出山泉水浊

山居胸次清洒，触物皆有佳思：见孤云野鹤而起超绝之想[1]；遇石涧流泉而动澡雪之思[2]；抚老桧寒梅而劲节挺立；侣沙鸥麋鹿而机心顿忘。若一入尘宇，无论物不相关，即此身亦属赘旒矣[3]。

今译　　隐居在山林胸怀何其洒脱，

所见之物都触发美好情思：

看见无拘无束的孤云野鹤，

就会生起超尘绝俗的念头；

遇到山谷溪涧的淙淙流泉，

就会生起洗濯杂念的兴致；

抚摸风霜中的老桧和腊梅，

就会效法威武不屈的气节；

交往没有机心的沙鸥麋鹿，

就会忘却机巧功利的心思。

假如再度走回烦嚣的尘世，

且不说与诸事格格不入，

就连自己这一具臭皮囊，

也像旗帜的飘带一样多余。

注释　[1] 孤云野鹤：比喻隐居或闲散的人，自由自在，不受
　　　　　羁绊。唐刘长卿《送方外上人》："孤云将野鹤，
　　　　　岂向人间住。"

　　　　[2] 澡雪：指除去一切杂念保持心灵的纯洁。澡，沐
　　　　　浴。雪，洗涤。

　　　　[3] 赘旒（zhuì liú）：比喻实权旁落、为大臣挟持的君
　　　　　主。后亦指有职无权的官吏。赘，连缀。旒，旗下
　　　　　所垂之穗。

　　　野鸟作伴　白云相留

兴逐时来，芳草地携杖闲行，野鸟忘机时作伴；
景与心会，落花下披襟兀坐[1]，白云无语漫相留。

今译 偶尔兴致来临的时候，在草地上悠然地漫步，
野鸟见人类没有机心，也会飞到身边来作陪；
当对美景别有会心时，落花下敞开衣襟静坐，
白云也被感动得无语，与我相依恋不忍离去。

注释 ［1］兀坐：静坐。兀，不动的意思。

念头稍异　境界顿殊

人生福境祸区，皆念想所造成。故释氏曰："利欲炽然，即是火坑；贪爱沉溺，便为苦海；一念清净，即烈焰成池；一念惊觉，即船登彼岸。"念头稍异，境界顿殊，可不慎哉！

今译 人生幸福，或处灾祸，全由我们的主观意念所决定。
所以佛经上说：
"利欲熏心，就会葬身欲望的火坑；
贪爱无度，就会堕入苦难的海洋；
即时警醒，火坑就会变成清池；
当下觉悟，智慧船就登上了解脱岸。"
念念稍稍不一样，境界截然就不同，
不能够不慎重对待啊！

心清风月来　心远炎嚣灭

机息时便有月到风来，不必苦海人世；心远处自无车尘马足，何须痼疾丘山[1]。

今译　当妄念完全止息时，

皎皎明月习习清风自然会到来，

不必再将人世间看成是片苦海；

当心境远离尘俗时，

自然就不会有车马喧嚣的嘈杂，

哪里还一定要找个僻静的山林？

注释　[1]痼疾丘山：痼疾，本指难以治愈的疾病，这里是迷恋不能自拔的意思。晋陶渊明《归园田居》："少无适俗韵，性本爱丘山。"又《饮酒》："结庐在人境，而无车马喧。问君何能尔，心远地自偏。"

心旷万钟轻　心隘一发重

心旷则万钟如瓦缶[1]，心隘则一发似车轮。

今译　心胸豁达为人慷慨的人，

把万贯家财也看得像一个瓦罐那么微不足道；

心胸狭窄斤斤计较的人，

把头发丝一样的小事也会看得像车轮那么大。

注释　　[1] 瓦缶：装酒的瓦器，此指没价值的东西。

要以我转物　莫以物转我 🙋

无风月花柳，不成造化；无情欲嗜好，不成心体。是以我转物[1]，不以物役我[2]，则嗜欲莫非天机[3]，尘情即是理境矣。

今译　　如果没有清风明月红花绿柳，

自然就不是美好的自然；

如果没有喜怒哀乐好恶爱憎，

人就没有了正常的心理。

重要的是以我为中心来主宰万物，

而不让万物役使我，

这样的话一切情欲嗜好都会成为天然机趣，

芸芸众生尘世情感也顺理成章符合了天理。

注释　　[1] 以我转物：以自我为中心，将一切外物自由自在的

运用。

［2］以物役我：以物为中心，而人成了物的奴隶为物所
　　　驱使。

［3］天机：天然的妙机。《庄子·大宗师》："其嗜欲深
　　　者，其天机浅。"

太闲杂念易生　太忙真性难现

　　人生在世，太闲则杂念横生，太忙则真性不现。
故士君子不可不抱身心之忧，亦不可不耽风月之趣。

今译　　人生在世界上要注意避免两种倾向：
　　　　　如果过于闲散就容易产生各种杂念，
　　　　　如果过于忙碌纯真本性就不易显露。
　　　　　所以士君子既要担心身心白白虚度，
　　　　　也不能不享受吟风弄月的闲情雅趣。

何喜非忧　欣戚两忘

　　子生而母危，镪积而盗窥[1]，何喜非忧也？贫可
以节用，病可以保身，何忧非喜也？故达人当顺逆一
视，而欣戚两忘。

今译　　孩子出生时母亲要冒生命危险，
　　　　财产积累多了盗贼就会打主意，
　　　　哪一件喜事中没有忧虑的因素？
　　　　家境贫穷可以养成节俭的美德，
　　　　身患疾病可以促使人保养身体，
　　　　哪一件苦事中没有可喜的成分？
　　　　因此在心胸豁达之人的眼里面，
　　　　顺境和逆境本就没有什么两样，
　　　　不因好事高兴也不因坏事犯愁。

注释　　[1] 镪（qiǎng）：成串的钱。这里指金银。

是非俱谢　物我两忘

　　耳根如风谷传声，过而不留，则是非俱谢；心境如月池浸色[1]，空而不着，则物我两忘。

今译　　耳朵听到任何事情，都像狂风吹过山谷，
　　　　当时虽造成了巨响，过后什么都没留下，
　　　　这样你就不会被人间的是是非非所困扰；
　　　　心灵面对任何事情，都像月光印水映月，
　　　　空空如也不着痕迹，池水月亮无心相映，
　　　　这样就能做到把自我和万物都同时忘却。

注释　[1] 月池浸色：《五灯会元》卷十四丹霞子淳禅师传：
　　　　"宝月流辉，澄潭布影，水月蘸月之意，月无分照
　　　　之心。水月两忘，方可称断。"

苦海无边　回头是岸

　　世人为荣利纠缠，动曰尘世苦海，不知云白山青，
川行石立，花迎鸟笑，渔唱樵歌。世亦不尘，海亦不
苦，彼自尘苦其心尔。

今译　世人被荣华利禄所束缚，动不动就说人世是苦海，
　　　　其实他们根本不曾留意：云如此白，山又如此青；
　　　　川流不息，而巨石耸立；花儿迎风舞，鸟儿啁啾；
　　　　渔人吟唱，而樵夫高歌。这是多么美好的世界啊！
　　　　哪里有红尘万丈纷扰扰，哪里有苦海无边浪滔滔？
　　　　那些说人生是苦海的人，是自己蒙了灰尘堕了海。

花看半开　酒饮微醉

　　花看半开，酒饮微醉，此中大有佳趣。若至烂漫
酕醄[1]，便成恶境矣。履盈满者宜思之。

今译　　赏花要赏那似开未开的，

饮酒要饮到似醉非醉时，

这里面实在有太多美妙的情趣。

如果一定要达到花盛开、酒烂醉，

那么就是进入了糟糕浑浊的恶境。

志得意满的人要仔细思量其中的道理。

注释　　[1] 酕醄（máo táo）：大醉。

着眼要高　不落圈套

非分之福，无故之获，非造物之钓饵，即人世之机阱[1]。此处着眼不高，鲜不堕彼术中矣。

今译　　不是自己命中分内应得的福分，

以及无缘无故得到的意外收获，

如果不是上天有意安排的诱饵，

就一定是他人故意设下的圈套。

在这种时候如没有远大的眼光，

很少有人不落入圈套吃亏上当。

注释　　[1] 机阱：捕兽的机关陷阱。比喻坑害人的圈套。

人生如傀儡　掌控在自身

人生原是一个傀儡[1]，只要根蒂在手，一线不乱，卷舒自由，行止在我，一毫不受他人提掇[2]，便超出此场中矣。

今译　人的这一世，就是戏台上的傀儡，只要自己能掌握好牵动控制木偶的绳子，一丝一线也不会乱，收放自如，动还是停，全由自己来掌控，一点都不受他人的牵制和左右，那么便可以超脱这场游戏了。

注释　[1] 傀儡：木偶戏中的木偶人。《景德传灯录》卷十二临济禅师语："看取棚头弄傀儡，抽牵全藉里头人。"

[2] 提掇（duō）：上下牵引。

减省一分　超脱一分

人生减省一分，便超脱一分[1]：如交游减，便免纷扰；言语减，便寡愆尤；思虑减，则精神不耗；聪明减，则混沌可完。彼不求日减而求日增，直桎梏此生哉。

今译　　人生如能减少一分事情，就能够超脱出一分俗世：

　　　　减少一些人际交往应酬，就能免除很多争执纷扰；

　　　　减少一些言语交谈议论，就能减少很多过失责难；

　　　　减少一些操心忧虑苦闷，就能保全饱满精神元气；

　　　　减少一些聪明心计机巧，就能涵养纯朴自然本性。

　　　　不求日减反求日增的人，真是束缚自己的生命啊！

注释　　[1] 减省一分，便超脱一分：《道德经》："为学日增，

　　　　为道日损。损之又损，以至于无为。"

人生贵适意　事都皆洒脱

　　茶不求精，而壶亦不燥；酒不求冽，而樽亦不空。素琴无弦而常调，短笛无腔而自适。纵难希遇羲皇之世[1]，亦可匹俦嵇阮之伦[2]。

今译　　喝茶不需要上好的茶叶，只要茶壶不干就可以了；

　　　　喝酒不需要最醇美的酒，只要酒杯不空就可以了。

　　　　不加装饰的琴没有琴弦，却可以经常调拭听琴声；

　　　　不讲音调的短笛信口吹，却可使我心情舒畅飞扬。

　　　　纵然比不上羲皇的淳朴，也可以媲美嵇阮的潇洒。

注释　　[1] 羲皇：上古皇帝伏羲氏。相传是他发明八卦，教民

捕鱼畜牧。在他当政时期，民风淳朴，天下清平
无事。

[2] 匹俦（chóu）：匹敌。嵇阮：嵇康、阮籍。三国时
著名的狂士，属"竹林七贤"之列，因对当时司马
氏父子专权不满，遂佯狂放任，消极避世。

随缘素位　随遇而安

释氏之随缘，吾儒之素位[1]，四字是渡海的浮囊。
盖世路茫茫，一念求全，则万绪纷起。惟随遇而安，
斯无入而不自得矣。

今译　佛家讲求随顺因缘坦然面对，
儒家也主张谨守自己的本分，
随缘素位这四个字意味深长，
是渡过人生苦海的救命浮囊。
因为人生的道路漫长而曲折，
倘若一心想着达到十全十美，
结果就只能招致来各种麻烦。
只要能够随缘素位顺其自然，
无论在哪里都可以自得心安。

注释　[1] 素位：安于当下所处的地位，并努力做好应当做

的事情。《礼记·中庸》："君子素其位而行，不愿乎其外。"儒家的素位，犹禅家的"云在青天水在瓶"。

附　录

重刻《菜根谭》原序

　　戊子之秋，七月既望，余以抱病在山，禁足阅藏。适岫云监院琮公由京来顾，出所刻《菜根谭》书命予为序，且自言其略曰："来琳初受近圆，即诣西方讲席，听教于不翁老人。参请之暇，老人私诫曰：'大德聪明过人，应久在律席，调伏身心，遵五夏之制，熟三聚之文，为菩提之本，作定慧之基，何急急以听教为哉？'居未几，不善用心，失血莫医。自知法缘微薄，辞翁欲还岫云。翁曰：'善，察尔因缘在彼，当有大振作，但恐心为事役，不暇研究律部。吾有一书，首题《菜根谭》，系洪应明著。其间有持身语，有涉世语，有隐逸语，有显达语，有迁善语，有介节语，有仁语，有义语，有禅语，有趣语，有学道语，有见道语，词约意明，文简理诣，设能熟习沉玩而励行之，其于语默动静之间，穷通得失之际，可以补过，可以进德，且近于律，亦近于道矣。今授于尔，宜知珍重。'时虽敬诸拜受，究竟不喻其为药石意也。厥后历理常往事务，俱忝要职，当空华之在前，不识元由眼里之翳；认水月以为真，岂知惟是天垂之影。由是心被境迁，神为力耗，不觉酿成大病，幸未及于尽耳。既微瘥间，无以解郁，因追忆往事，三复此书，乃悟从前事事皆非，深有负于老人授书时之言焉，惜是书行世已久，纸朽虫蛀，原板无从稽得，于是命工缮写，重付刊刻。请红弁言于首，启迪天下后世，俾见闻读诵者身体力行，勿使如来琳，老方知悔，徒自惭伤，是所望也！"

余闻琼公之说，抚卷叹曰："夫洪应明者，不知何许人。其首命题，又不知何所取义，将安序哉？"窃拟之曰："菜之为物，日用所不可少，以其有味也。但味由根发，故凡种菜者，必要厚培其根，其味乃厚。是此书所说世味乃出世味，皆为培根之论，可弗重欤？"又古人云："性定菜根香。"夫菜根，弃物也，如此书人多忽之。而菜根之香，非性定者莫喻，如此书唯静心沉玩者，乃能得旨。是与否与？既不能反质于原人，聊将以候教于来哲。即此为序。

时乾隆三十三年，中元节后三日
三山病夫通理谨识

遂初堂主人序

　　余过古刹，于残经败纸中拾得《菜根谭》一录。翻视之，虽属禅宗，然于身心性命之学，实有隐隐相发明者。亟携归，重加校雠，缮写成帙。旧有序，文不雅驯，且于是书无关涉语，故芟之。著是书者为洪应明，究不知其为何许人也。

乾隆五十九年二月二日

遂初堂主人识

图书在版编目（CIP）数据

菜根谭／（明）洪应明著；吴言生译注. —上海：
上海古籍出版社，2017.8（2024.3 重印）
（禅境丛书）
ISBN 978－7－5325－8126－9

Ⅰ.①菜… Ⅱ.①洪… ②吴… Ⅲ.①个人—修养—
中国—明代 Ⅳ.①B825－49

中国版本图书馆 CIP 数据核字（2016）第 121721 号

禅境丛书

菜根谭

[明]洪应明　著

吴言生　译注

上海古籍出版社出版发行

（上海市闵行区号景路 159 弄 1－5 号 A 座 5F　邮政编码 201101）

（1）网址：www.guji.com.cn

（2）E－mail：guji1@guji.com.cn

（3）易文网网址：www.ewen.co

启东市人民印刷有限公司印刷

开本 850×1168　1/32　印张 7.5　插页 3　字数 186,000

2016 年 8 月第 1 版　2024 年 3 月第 7 次印刷

印数：20,001—21,100

ISBN 978－7－5325－8126－9

Ⅰ·3075　定价：28.00 元

如发生质量问题，读者可向工厂调换